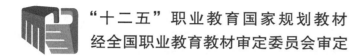

"十二五"职业教育国家规划教材

经全国职业教育教材审定委员会审定

数字影音编辑与合成

（Premiere Pro CS6 + After Effects CS6）

梁　姗　主　编

电子工业出版社

Publishing House of Electronics Industry

北京·BEIJING

内 容 简 介

本书根据教育部颁发的《中等职业学校专业教学标准（试行）信息技术类（第一辑）》中的相关教学内容和要求编写。本书的编写从满足经济发展对高素质劳动者和技能型人才的需求出发，在课程结构、教学内容、教学方法等方面进行了新的探索与改革创新，以利于学生更好地掌握本课程的内容，利于学生理论知识的掌握和实际操作技能的提高。

本书的主要讲述了影音采集、编辑与合成的基本知识与业务规范，数字影音采集与编辑的设备与软件，录音、音效处理与合成，视频采集，图片和音频素材导入，影像编辑，影视特效制作，配音配乐，字幕制作，影音输出等操作技能。书中所有实例的源文件和效果文件，以及部分实例最终视频效果，请见本书配套教学资料包。

本书是数字媒体技术应用专业的专业核心课程教材，也可作为各类数字媒体技术培训班的教材，还可以供数字媒体方向入门人员参考学习。

图书在版编目（CIP）数据

数字影音编辑与合成．Premiere Pro CS6 + After Effects CS6 / 梁姗主编．—北京：电子工业出版社，2016.7

ISBN 978-7-121-24852-8

Ⅰ．①数… Ⅱ．①梁… Ⅲ．①视频编辑软件—中等专业学校—教材 Ⅳ．①TN94

中国版本图书馆 CIP 数据核字（2014）第 275130 号

策划编辑：杨　波
责任编辑：郝黎明
印　　刷：三河市兴达印务有限公司
装　　订：三河市兴达印务有限公司
出版发行：电子工业出版社
　　　　　北京市海淀区万寿路 173 信箱　邮编　100036
开　　本：787×1 092　1/16　印张：15.5　字数：396.8 千字
版　　次：2016 年 7 月第 1 版
印　　次：2022 年 11 月第 14 次印刷
定　　价：35.00 元

凡所购买电子工业出版社图书有缺损问题，请向购买书店调换。若书店售缺，请与本社发行部联系，联系及邮购电话：（010）88254888，88258888。

质量投诉请发邮件至 zlts@phei.com.cn，盗版侵权举报请发邮件至 dbqq@phei.com.cn。

本书咨询联系方式：（010）88254617，luomn@phei.com.cn。

编审委员会名单

主任委员：

武马群

副主任委员：

王　健　　韩立凡　　何文生

委　　员：

丁文慧	丁爱萍	于志博	马广月	马永芳	马玥桓	王　帅	王　苒	王　彬
王晓姝	王家青	王皓轩	王新萍	方　伟	方松林	孔祥华	龙天才	龙凯明
卢华东	由相宁	史宪美	史晓云	冯理明	冯雪燕	毕建伟	朱文娟	朱海波
向　华	刘　凌	刘　猛	刘小华	刘天真	关　莹	江永春	许昭霞	孙宏仪
杜　珺	杜宏志	杜秋磊	李　飞	李　娜	李华平	李宇鹏	杨　杰	杨　怡
杨春红	吴　伦	何　琳	佘运祥	邹贵财	沈大林	宋　薇	张　平	张　侨
张　玲	张士忠	张文库	张东义	张兴华	张呈江	张建文	张凌杰	张媛媛
陆　沁	陈　玲	陈　颜	陈丁君	陈天翔	陈观诚	陈佳玉	陈泓吉	陈学平
陈道斌	范铭慧	罗　丹	周　鹤	周海峰	庞　震	赵艳莉	赵晨阳	赵增敏
郝俊华	胡　尹	钟　勤	段　欣	段　标	姜全生	钱　峰	徐　宁	徐　兵
高　强	高　静	郭　荔	郭立红	郭朝勇	黄　彦	黄汉军	黄洪杰	崔长华
崔建成	梁　姗	彭仲昆	葛艳玲	董新春	韩雪涛	韩新洲	曾平驿	曾祥民
温　晞	谢世森	赖福生	谭建伟	戴建耘	魏茂林			

序 | PROLOGUE

当今是一个信息技术主宰的时代，以计算机应用为核心的信息技术已经渗透到人类活动的各个领域，彻底改变着人类传统的生产、工作、学习、交往、生活和思维方式。和语言和数学等能力一样，信息技术应用能力也已成为人们必须掌握的、最为重要的基本能力。可以说，信息技术应用能力和计算机相关专业，始终是职业教育培养多样化人才，传承技术技能，促进就业创业的重要载体和主要内容。

信息技术的发展，特别是数字媒体、互联网、移动通信等技术的普及应用，使信息技术的应用形态和领域都发生了重大的变化。第一，计算机技术的使用扩展至前所未有的程度，桌面电脑和移动终端（智能手机、平板电脑等）的普及，网络和移动通信技术的发展，使信息的获取、呈现与处理无处不在，人类社会生产、生活的诸多领域已无法脱离信息技术的支持而独立进行。第二，信息媒体处理的数字化衍生出新的信息技术应用领域，如数字影像、计算机平面设计、计算机动漫游戏和虚拟现实等。第三，信息技术与其他业务的应用有机地结合，如商业、金融、交通、物流、加工制造、工业设计、广告传媒和影视娱乐等，使之各自形成了独有的生态体系，综合信息处理、数据分析、智能控制、媒体创意和网络传播等日益成为当前信息技术的主要应用领域，并诞生了云计算、物联网、大数据和 3D 打印等指引未来信息技术应用的发展方向。

信息技术的不断推陈出新及应用领域的综合化和普及化，直接影响着技术、技能型人才的信息技术能力的培养定位，并引领着职业教育领域信息技术或计算机相关专业与课程改革、配套教材的建设，使之不断推陈出新、与时俱进。

2009 年，教育部颁布了《中等职业学校计算机应用基础大纲》。2014 年，教育部在 2010 年新修订的专业目录基础上，相继颁布了"计算机应用、数字媒体技术应用、计算机平面设计、计算机动漫与游戏制作、计算机网络技术、网站建设与管理、软件与信息服务、客户信息服务、计算机速录"等 9 个信息技术类相关专业的教学标准，确定了教学实施及核心课程内容的指导意见。本套教材就是以以上大纲和标准为依据，结合当前最新的信息技术发展趋势和企业应用案例组织开发和编写的。

本书的主要特色

● **对计算机专业类相关课程的教学内容进行重新整合**

本套教材本套教材面向学生的基础应用能力，设定了系统操作、文档编辑、网络使用、数据分析、媒体处理、信息交互、外设与移动设备应用、系统维护维修、综合业务运用等内容；针对专业应用能力，根据专业和职业能力方向的不同，结合企业的具体应用业务规划了教材内容。

● **以岗位工作过程来确定学习任务和目标，综合提升学生的专业能力、过程能力和职位差异能力**

本套教材通过以工作过程为导向的教学模式和模块化的知识能力整合结构，力求实现产业需求与专业设置、职业标准与课程内容、生产过程与教学过程、职业资格证书与学历证书、终身学习与职业教育的"五对接"。从学习目标到内容的设计上，本套教材不再仅仅是专业理论内容的复制，而是经由职业岗位实践——工作过程与岗位能力分析——技能知识学习应用内化的学习实训导引和案例。借助知识的重组与技能的强化，达到企业岗位情境和教学内容要求相贯通的课程融合目标。

● **以项目教学和任务案例实训为主线**

本套教材通过项目教学，构建了工作业务的完整流程和岗位能力需求体系。项目的确定应遵循三个基本目标：核心能力的熟练程度，技术更新与延伸的再学习能力，不同业务情境应用的适应性。教材借助以校企合作为基础的实训任务，以应用能力为核心、以案例为线索，通过设立情境、任务解析、引导示范、基础练习、难点解析与知识延伸、能力提升训练和总结评价等环节，引领学习者在完成任务的过程中积累技能、学习知识，并迁移到不同业务情境的任务解决过程中，使学习者在未来可以从容面对不同应用场景的工作岗位。

当前，全国职业教育领域都在深入贯彻全国职教工作会议精神，学习领会中央领导对职业教育的重要批示，全力加快推进现代职业教育。国务院出台的《加快发展现代职业教育的决定》明确提出要"形成适应发展需求、产教深度融合、中职高职衔接、职业教育与普通教育相互沟通，体现终身教育理念，具有中国特色、世界水平的现代职业教育体系"。现代职业教育体系的建立将带来人才培养模式、教育教学方式和办学体制机制的巨大变革，这无疑给职业院校信息技术应用人才培养提出了新的目标。计算机类相关专业的教学必须要适应改革，始终把握技术发展和技术技能人才培养的最新动向，坚持产教融合、校企合作、工学结合、知行合一，为培养出更多适应产业升级转型和经济发展的高素质职业人才做出更大贡献！

前言 | PREFACE

为建立健全教育质量保障体系，提高职业教育质量，教育部于 2014 年颁布了中等职业学校专业教学标准（以下简称专业教学标准）。专业教学标准是指导和管理中等职业学校教学工作的主要依据，是保证教育教学质量和人才培养规格的纲领性教学文件。在"教育部办公厅关于公布首批《中等职业学校专业教学标准（试行）》目录的通知"（教职成厅[2014]11 号文）中，强调"专业教学标准是开展专业教学的基本文件，是明确培养目标和规格、组织实施教学、规范教学管理、加强专业建设、开发教材和学习资源的基本依据，是评估教育教学质量的主要标尺，同时也是社会用人单位选用中等职业学校毕业生的重要参考。"

本书特色

为适应职业教育计算机类专业课程改革的要求，本书根据教育部颁发的《中等职业学校专业教学标准（试行）信息技术类（第一辑）》中的相关教学内容和要求编写。

本书是为有志从事影音后期处理相关工作的读者提供的综合指导用书。本书完全以现实工作中的实例形式呈现，涵盖的范围较广，从对影音产业和相关岗位的介绍开始，帮助读者设计自己的职业生涯规划，通过综合运用 Premiere 和 After Effects 软件来进行影音编辑制作，设计制作各种不同风格的，包括片头、片花和片尾在内的完整的影视片。读者在完成了所有项目后，不仅对影音后期处理的相关工作岗位有了了解，还能同时掌握一定的操作技能，并很快地投入到工作实践中。

本书的编者是长期从事多媒体一线教学的专业教师，特别是在影音后期处理方面具有较强的教学实力，作为竞赛指导教师曾培养出省计算机技能大赛"影视后期处理"项目第一名和第二名。自工作以来主持国家级教学课题一项，省级教学课题一项，是市课程改革"数码后期处理"专业的核心成员，发表与影音教学相关的论文多篇，主编出版影视处理类教材多本。

本书作者

本书由梁姗主编，沈东升、孙金红参编，还有一些职业学校的老师也参与了试验与修改工作，在此对他们表示衷心的感谢！

由于编者水平有限，难免有错误和不妥之处，恳请广大读者批评指正。

教学资源

为了提高学习效率和教学效果，方便教师教学，作者为本书配备包括电子教案、教学指南、素材文件、微课，以及习题参考答案等配套的教学资源。请有此需要的读者登录华信教育资源网免费注册后进行下载，有问题时请在网站留言板留言或与电子工业出版社联系（E-mail:hxedu@phei.com.cn）。

编者

CONTENTS | 目录

第 1 章

导　　学

1.1　职业应用

在您翻开这本书开始系统的技能训练之前，很有必要先问自己几个问题。

① 什么是影音技术？

② 影音技术行业的前景如何？

③ 什么是和影音技术相关的岗位？

④ 和影音技术相关的岗位需求量如何？

⑤ 是否打算从事与影音技术相关的岗位？

⑥ 有没有做好从事该类岗位的心理准备？

⑦ 对自己是否有一个职业生涯的规划？

……

这是一个竞争激烈的社会，决定从事哪类行业是一个必须经过深思熟虑，综合考虑各方面因素后的慎重选择。而一旦您做好了决定，选好了方向，就要全力以赴，在正式进入该行业之前做好一切准备工作，包括技能素养和非技能素养。

本章意在为您广义地介绍影音技术相关岗位的实际现状和本书所针对岗位的笼统描述，帮助新读者了解学习的前提和目的。如果您立志于从事该类岗位，相信本章会帮助您站在一定的高度上综观全局，具有一定的指导意义，也相信您一定可以在前景无限的影音行业中找到适合自己的方向，取得一定的成就。

1.1.1　了解潜在岗位

"影音"这个名词在当今社会并不陌生，与影音相关的产品也非常多。我们通常说的"影音"包含音频和视频，指的是含有"影音技术"的影音产品，如 MP3 播放器、MP4、影音照相机、影音摄像机、手机等。影音产品与计算机行业紧密相连，在很大程度上都采用了数字化，每一样影音产品都需要与计算机连接来处理数据、丰富功能，计算机的发展也带动了影音产品的发展和升级换代。

而本书所介绍的就是与影音处理密切相关的技能技巧。笔者根据多年对社会需求的分析，总结出以下几类需求量较大、同时技术难度也比较适中的岗位群。

1. 影楼（婚纱影楼、儿童影楼、个性写真工作室等）

影楼包括婚纱影楼、儿童影楼、个性写真工作室等。对现在结婚的新人来说，去影楼拍摄结婚照是必不可少的一件大事，特别是女性，有些女性对结婚照的要求十分高，甚至高于婚礼的要求。

现在每家的孩子都是一个家族的消费中心，孩子从出生到长大，在各个生长阶段，家长都会有意向为孩子拍摄照片以留作纪念，而最近的流行趋势说明，在孩子未出生时，也就是在母腹中时，准妈妈就会拍摄孕妇照。可以想象，如此大的潜在消费基数，自然会提供大批量的岗位。

在这个注重个性化，标榜体现鲜明特色的时代，很多追求时尚的人，特别是年轻人，都特别热衷于拍摄个人写真，把自己最年轻、最靓丽的时刻留住，所以特色鲜明、特立独行的个性写真工作室也很受欢迎。

影楼的基础工作岗位包括门市接待、摄影助理、后期修片、MTV 拍摄、电子串册、光盘刻录等。这些工作起步都不高，经过适当的技能训练后就可以胜任，可以作为年轻朋友进入该行业的第一步。

2. 婚庆业

结婚就要办婚礼，这不仅是一对新人一生最美好的回忆，也是中国传统家庭所必要的一个仪式和过程。特别是现在的新人对婚礼的要求越来越高，所以，婚庆行业（包括布展业和会展业）近几年来得到了蓬勃发展。现在的婚庆业已经不单单承接婚礼现场记录的工作，而是集鲜花布置、汽车租赁、婚礼布展、新人跟妆、司仪主持、婚礼摄像、现场相册等业务于一体的综合性婚庆服务。可想而知，这里面的岗位类型和岗位数量有多少。

3. 企事业的宣传部门

社会发展到今天，人们早已经不满足于静态的图片留影，越来越多的场合需要完整的过程记录，如公司新产品的展销、公司对外所筹办的宣传活动、公司内部的会议记录等。大型超市、写字楼，甚至公交车、地铁都无处不见视频播放节目。与之相延伸的是公司企划部门意识到了该类工作所存在的岗位空缺，特别是摄像人才和视频剪辑人才。这类岗位的名称也许是宣传、企划等，但所从事的工作却是和影音技术密切相关的。

4. 动漫制作公司

动漫产业是当前的朝阳行业。在制作后期需要非线性编辑师将前期绘制完成的静帧图片连接为可以播放的影片。

5．影音产品销售类公司

影音产品的更新换代和层出不穷，决定着对影音产品销售人员的需求永远是旺盛的。影音产品的销售不仅仅指直观的消费商品，如影音照相机、手机、计算机之类的导购工作，也包括其他相关延伸服务，如影音影楼导购服务等。从某种程度上说，影音行业不是劳动密集型行业，而是知识密集型行业。该行业的领导人普遍有一种共识：要让最好的人员去干营销，彻底转变"控制成本比创造收入更重要"这一错误观念，因为截流固然重要，但这是有限的；开源更重要，因为它是无限的。

6．专业的影视制作公司

这类公司大多承接电视台的外包节目或独立承接影视剧的拍摄和制作，应该说是最为对口的就业方向，不过就业难度较高。

1.1.2　职业素质的培养

职业素养是个很大的概念，体现到职场上就是职业素养，体现在生活中就是个人素质或者道德修养。想在竞争激烈的社会中成功立足，想成为一名合格的员工，光具备一定的技术能力是远远不够的。用人单位评价一名员工的首要标准就是该员工的"为人"如何，在很多情况下，这些素质比技术能力更加重要。用人单位首先要先接受"人"，然后才能接受人做的"事"，正所谓先学会做人，再学会做事。一个正直诚恳的人，即使暂时在技术能力上达不到要求，只要其本人有学习的欲望，并愿意付出时间和精力，用人单位往往也愿意花成本培养。与之相反，一个本质存在问题的人，即使有再高级的技能水平，用人单位往往也会敬而远之。而既无素养，又不学无术的人，可想而知，在社会上是没有办法立足的。

职业素养是一个人职业生涯成败的关键因素。概括地说，职业素养包含四个方面：职业道德、职业思想（意识）、职业行为习惯和职业技能。前三项是职业素养中最根基的部分，属于世界观、价值观、人生观范畴的产物，从出生到退休或至死亡逐步形成，逐渐完善。而职业技能是支撑职业人生的表象内容，通过学习、培训，比较容易获得。例如，计算机、英语等是属于职业技能范畴的技能，可以通过几年的时间掌握入门技术，在实践运用中日渐成熟。可企业更认同的道理是，如果一个人的基本职业素养不够（如忠诚度不够），那么技能越高的人，其隐含的危险越大。一般来说，职业素养可以从以下几点来表现。

1. 人品

正直的人品是毋庸置疑的根本。

2. 守纪

每一个企业都必然有一套适合企业发展的制度才可以生存壮大。而企业对员工的基本要求就是要能接受企业的制度，并能服从管理。没有一个企业会喜欢影响公司正常运行的人，所以对于不守纪的人，企业自然会有相应的处罚条例，甚至采取开除措施。

3. 刻苦

出于经营成本的考虑，现在的工作普遍具有较高的强度，能让一个人做的事，企业绝不会分给两个人做，也就是所谓的"一个萝卜一个坑"。刚刚走出校门的年轻人，往往对工作强度的预计不足，稍微加班或累一些就叫苦连天，殊不知这种态度极易引起用人单位的反感，读者应该在走上工作岗位前有充分的心理准备。

4. 学习

影音本身就是个飞速发展的行业，新知识、新产品层出不穷。想成为一个合格的员工，就必须对自己所从事的工作有充分的了解。技术类工作要时刻关注当前的流行趋势，从而适时地修改自己的设计思路，从事非技术类的工作也要精通产品的使用性能等。学习不能依赖于别人教，而要有自学意识，主动向前辈请教或者多看书。刚毕业的年轻人还不习惯于自身角色的转变，往往缺乏这种学习的习惯，这很不利于工作的顺利开展。

5. 信心

信心代表着一个人在事业中的精神状态和把握工作的热忱，以及对自己能力的正确认知。在任何困难和挑战面前都要相信自己。刚刚开始工作，肯定会遇到很多困难，如果只会一味退缩或放弃，而没有迎难而上的信心和勇气，是不可能实现自己的职业目标的。

6. 沟通

人和人之间有着千丝万缕的关系，没有一个人在社会中可以随心所欲。在工作中经常会遇到与同事意见不合，或者与领导思路不一致的情况。所以掌握交流与交谈的技巧是至关重要的。如何有效沟通，表达自己的理想与见解，是一门很大的学问，也是决定我们在社会上是否能够成功的重点。

7. 创造

在这个不断进步的时代，我们不能没有创造性思维。我们应该紧跟市场和现代社会发展的节奏，不断在工作中注入新的想法和提出合乎逻辑的有创造性的建议。

8. 合作

在社会上做事情，如果只是单枪匹马地战斗，不靠集体或团队的力量，是不可能取得真正的成功的。每一个想获得成功的人都应该学会与别人合作。懂得与他人合作的人，也更能得到集体的认可和喜爱，而孤军奋战的人，往往被团队拒绝或抛弃。

1.2 职业生涯规划设计

每个人都应该对自己的职业有个切实可行的系统规划，并能按部就班的按照自己的规划实现职业理想。这件事不是要等到已经工作了才开始启动，而应该在没有工作之前就开始，并且在工作过程中根据实际情况不断地进行调整和修正。有了职业生涯规划，也就有了奋斗的方向和前进的动力，这对刚刚走上工作岗位的年轻人起着不容小觑的作用。

职业生涯规划的设计要综合考虑自己各方面的综合情况。一般情况下，可以从以下几个方面入手。

1. 自我评估

简单地说，自我评估就是全面地认识自己、了解自己。每个人由于生活背景、受教育背景和自身性格不同等原因，会形成千差万别的综合气质。只有认识了自己，才能对自己的职业做出正确的选择，才能选定适合自己发展的职业生涯路线。

2. 确定志向

志向是事业成功的基本前提，没有志向，事业的成功也就无从谈起，这是制定职业生涯规划的关键，也是职业生涯规划中最重要的一点。志向的确立可以充分考虑自己的兴趣爱好，因为只有热爱自己的事业，才有可能有所成就。当然也要兼顾自己的性格、受教育程度等，确定切实可行的志向，切忌好高骛远、不切实际。

3. 职业生涯机会的评估

职业生涯机会的评估，主要是评估各种环境因素对自己职业生涯发展的影响。每一个人都处在一定的环境之中，离开了这个环境，便无法生存与成长。所以，在制定个人的职业生涯规划时，要分析环境条件的特点、环境的发展变化情况、自己与环境的关系、自己在这个环境中的地位、环境对自己提出的要求及环境对自己有利的条件与不利的条件等。只有对这些环境因素充分了解，才能做到在复杂的环境中避害趋利，使职业生涯规划具有实际意义。

4. 职业的选择

注意职业的选择和志向的选择是有区别的。志向决定了一个大的方向，比如说从医。而职业决定在医学领域中选择哪个细分领域。例如，是临床医学还是药学，是中医还是西医，是外科还是内科等。职业选择正确与否，直接关系到人生事业的成功与失败。据统计，在选错职业的人当中，有 80% 的人在事业上是失败者。正如人们所说的"女怕嫁错郎，男怕选错行"。由此可见，职业选择对人生事业发展是何等重要。

5．设定职业生涯目标

职业生涯目标的设定，是职业生涯规划的核心。一个人的事业成败，很大程度上取决于有无正确、适当的目标。通常目标分短期目标、中期目标、长期目标和人生目标。短期目标一般为一至两年，短期目标又分日目标、周目标、月目标、年目标。中期目标一般为三至五年。长期目标一般为五至十年。

6．制订行动计划与措施

在确定了职业生涯目标后，行动便成了关键环节。没有达成目标的行动，目标则难以实现，也就谈不上事业的成功。这里所指的行动，是指落实目标的具体措施，主要包括工作、训练、教育、轮岗等方面的措施。例如，为了成为一个合格的影视制作人员，计划利用多长的时间完成校园里基本知识技能的学习、参加什么技能培训、考取什么证书、工作几年达到影视制作人员的技能要求等。

7．评估与回馈

俗话说："计划赶不上变化。"是的，影响职业生涯规划的因素诸多。有的变化因素是可以预测的，而有的变化因素难以预测。在此状况下，要使职业生涯规划行之有效，就须根据实际情况不断地对职业生涯规划进行评估与修订。例如，有些人在实际工作中才会发现自己在某个方面的潜力，从而及时调整奋斗方向；有些人根据社会发展的趋势，结合自己的工作现状，也会对职业生涯规划做微调或修改，使之更具有实用性和指导意义。

如果每位读者在进入职场之前都能按照上述几点认真地完成一份个人职业生涯规划，相信你的事业之路一定会更加通畅。

1.3 职业生涯规划范例

镜头里的人生，镜头外的奋斗

摄影摄像不是为了记录下纷繁复杂的人生百态，而是在向人们转述一个个真挚感人的生活故事，它是一份永恒的记忆，会为你的生活留下更多的精彩。

——题记

序言

在今天这个人才竞争的时代，我们做好个人职业生涯规划是非常有必要的。对每个人而言，职业生命是有限的，如果不进行有效的职业规划，势必会造成生命和时间的浪费。作为一名职校生，若是带着一种茫然步入这个竞争激烈的社会，怎么能使自己在社会上占有一席之地？作为一名职校生，你开始为自己的将来规划了吗？

因此，我试着为自己拟订一份职业生涯规划，我希望通过这篇职业生涯规划能够更好地认识自己，找到自己的职业发展方向，然后有针对性地加强自己的职业能力培训，化"被动就业”为“主动择业”，让自己一开始就赢在职场起跑线，成为抢手的职场新人。

我相信，机会永远都是留给有准备的人。

我相信，只要有目标，有动力，一定会成功的。

我相信，自己能行，只要把握好手中的舵，就不惧风雨。

客观自我认识

1．自我评价

生理自我：我身高 177cm，体重 59kg，身体素质良好，喜欢运动，接受过系统的体育训练，耐力好，长跑是我的强项。

心理自我：当代年轻人也许有很多文化知识、学科经验，可以说无所不知，但却缺少自知。而自知乃是一个人自我意识发展的基础。我对自己进行的一番分析如下。

我为人务实，客观理智，喜欢和别人共同工作，乐于参加或组织各种活动。和陌生人初次见面时，也能和对方聊得来。我不会斤斤计较，对于别人的批评也能欣然接受。我智力水平还行，头脑较灵活。对于生活中的变化和各种问题，一般都能比较沉着地应对。

能力分析

- 自小在农村长大，具有农民艰苦朴素、吃苦耐劳的精神。
- 胸怀目标，具有追求成功、勇往直前的干劲，在困境中不轻易放弃。
- 有从事影视制作工作的热诚。
- 做事讲求原则，工作认真勤奋，踏实稳重，有耐心。
- 通情达理，能够理性地看待问题。
- 目前学历为中专，缺乏社会竞争力。
- 知识结构暂时不够完整和全面，欠缺相关学科的专业知识。
- 过于注重实效，做事不够果断，有时候缺乏应有的冒险精神。
- 对于新事物的好奇心和探索欲望不强，变通能力不强。

2．他人评价

对于自己来说，来自他人的评价（如表 1-1 所示）常常使我们有意无意地调整自己在与他人交往中的自我形象，找到自己的不足之处，进行改进，使自己做到最好。

表 1-1 他人的评价

优缺点 评价	优点	缺点
家人评价	善良、听话、有理想、有追求、能吃苦耐劳	放假的时候比较懒，喜欢赖床，一觉睡到中午
老师评价	稳重大方，上进心强；学习主动，做事有责任心，有条理，比较细心。	遇事不够机智、不够果断；要大胆表现自己
同学评价	牛人、不一般、心态乐观、有团队合作精神	什么都好，就是有时比较懒

3．综合评价

宋庆龄讲过这样一段话：“不管你预备走哪一条路。顶顶要紧的是要为自己做好准备。你不能赤手空拳地开始你的行程，你必须用知识把自己武装起来，你必须锻炼出健壮的身体和足够的勇气。"

机会都是留给有准备的人！为了自己的职业生涯，我要做到以下几点。

（1）珍惜在校学习生活

学生时代是人生奠定基础的黄金时代。如今所学的课程，不但是就业所必备的条件，而且是今后学习深造的基础。很多企业强调研究经验和学历。这对于就读中专的我来说，是不利的。但是我有充足的时间完善知识结构，并通过成人高考来提高自己。古人曾说："少壮不努力，老大徒伤悲"。

（2）积极参加实践活动

卢梭说："社会就是书本，事实就是教材。"社会实践和职业活动既能巩固所学理论知识，提高实践技能，又是落实职业生涯设计措施与安排的最佳机会。在校期间，我要把参与校影视工作室实际项目作为契机，向已成为影视工作室骨干技术人员的学长学习，力争在校期间就能胜任企业的工作岗位，缩短就业磨合期。积极参加各种比赛，争取能够进入计算机技能竞赛省级乃至国家级竞赛。不放过每一次社会实践和职业活动的机会，并在其中主动、自觉地提高自己。

（3）关注职业发展动态

随着社会的进步，职业发展速度加快，我们必须时时关注职业发展动态。根据职业发展动态，适当调整职业发展方向，补充达到目标所需要的措施，修订、设计职业生涯规划。职业生涯设计虽不会一成不变，但应保持动态的相对稳定，才能成为真正有用的规划，才能真正指导自己有效地为未来的职业生涯做好准备。

近年来，数字影视产业发展迅速，产业的发展促进了人才的需求，影视、广告、动漫、游戏等领域数字影视技术，也是全球最具有发展潜力的朝阳产业之一。据业内人士初步估计，目前数字影视制作行业急需从业人员约 150 万人。行业热，人才缺。《人才市场报》报道，目前具有创造性思维及实践能力的数字影视制作人才待遇优厚。某企业开出了年薪"最低 6 万、最高 60 万"的条件，还是未能招到合适的人才。

我的目标

我的目标：自主创业，成立一家自主经营的影视工作室。

近期目标：学业有成期——我不仅是一个专业人，同时还是一个社会人！

2010—2013 年，充分利用在校环境及条件优势，认真学习好专业知识，培养学习、工作、生活能力。专业永远需要实践来发扬光大！我要珍惜在校影视工作室实践的机会，全面提高个人综合素质，并为将来就业做准备。我还要进一步深造，利用业余时间上成人高考补习班，提高自己的学历。

具体实施策略：2010 年 9 月至今，就读金陵中等专业学校数码影视十班。自我要求是以最快的速度适应学校的学习和生活，明确自己的专业发展方向和目标，努力学习文化知识和专业技能。在此期间，得到老师和同学的信任，担任班级团支书一职。

2011 年 3 月至今，进入学校的影视工作室，进一步学习。在此期间，多次参加影视工作室的实训任务（如 2011 年宝马品牌日的拍摄、2012 年宝马合作院校年会现场制作与拍摄、2012 年宝马品牌日的拍摄与教学视频制作、二十四中 110 周年校庆的拍摄与后期制作、二十八中八十周年校庆的拍摄与后期制作、农垦集团的拍摄、江苏省美容美发技能大赛花絮的制作、少儿频道《招考指南针》的拍摄与制作等），完成出色，得到老师的认可。

2011 年 10 月至今，创立了"桔子创意数码港"，主要工作是前期拍摄与后期制作，还有一些个性产品（如水晶版画、台历等），并且还得到学校工作室的老师的支持与认可。

2011 年至今，认真学习各门功课，不断地提高自己的专业技能，已经拿到专业技能考证，如南京市市民英语一级合格证书、全国计算机信息高新技术考试合格（国家职业资格四级）证书、劳动部中级摄影师证书、汉字录入证书等。积极参加学校各项活动，无愧"优秀团干"、"优秀学生干部"等称号。利用课余时间上成人高考补习班，进一步深造，提高自己的学历。现通过成人高考，考上了南京农业大学本科。

2012—2013 年，进一步明确自己的发展目标，将自己的基础打实，充分利用学校的影视工作室学习相关的技能知识，在实践中不断提高自己。

在 2013 年，调整自己的心态，用自己所学的专业技能，迎接自己的第一份工作。

中期目标：熟悉和适应期——创业忌冲动盲目！请先做好一个打工者。

2013—2018 年，利用 4～5 年的时间在工作岗位上踏踏实实学习。创业未必就是自己当老板、做法人代表。如果能在自己从事的领域做出一定成绩并能为社会创造价值，又深受别人的认可，那么你从事的工作就不仅仅称为一份"工作"，而是你的事业。把工作当成事业的人，未来才可能成就一番事业！为自己未来做好基础准备。

具体实施策略：

2013—2015 年，工作从基础做起，到影楼当摄影助理，或到婚庆公司从事摄像助理工作，月薪 1500 元左右。这个岗位是比较辛苦的，但俗话说："吃得苦中苦，方为人上人。"我要在这个岗位上踏实、认真工作，认真学习和仔细揣摩摄影师的构思和创作，为下一个目标打好基础。

2015—2017 年，寻找一家影视公司磨炼自己，能够开始拍摄和制作一些简单的片子，锻炼拍摄和视频剪辑能力，月薪能够在 2500～3000 元。业余时间继续攻读本科学位，争取拿到成考南京农业大学本科文凭。

2017—2018 年，争取成为能够独当一面的摄像师和数字视频制作人，月薪达到 5000 元。但我不能满足，还要为自己的未来做好规划。

长期目标：稳定发展期——机会只留给有准备的人！

2018 年以后，逐步创办一家属于自己的个性影视工作室，成为一名独立视频制作人，实现自己的创业梦想。

具体实施策略：

2018—2023 年，利用自己工作多年积累的人脉关系，以及用自己多年积累攒下来的资金，创办一家小型的由数名成员组建成的影视工作室。在河西或江宁地区租 100m² 左右的商住楼，可以凭借地区优势，承接周围公司的项目，如企业宣传片、形象片、专题片、产品介绍片等影视制作；还能承接所在地大专院校的项目，如师生的个性写真，学校的教学培训、校庆、宣传活动片等影视制作。最后，逐渐承接市级乃至省级电视台的栏目制作。此外还可以拍摄一些公益类、宣传类等摄影作品，提高自己影视工作室的知名度。在这期间要利用网络，来宣传自己的工作室，并逐渐扩大自己的团队，让自己的团队逐渐走上正轨。

2023 年以后，争取创办由 50 名以上的工作成员组建成的影视编辑传媒专业公司。不断扩大自己的团队，做好企业文化宣传，打造一只专业的集策划、方案、采编、拍摄、剪辑、特效和包装设计为一体的团队。

结 束 语

成功的例子有很多。例如，世界著名的管理学者彼得·德鲁克是世界管理学界的顶尖大师，但他从管理学入门到公认的"大师中的大师"，只用了十年。他靠什么获得成功？靠的就是职业生涯计划。

我们青年人应该规划个人的职业生涯，主宰自己的前途命运。要敢于正视自己的弱点，发扬优点，挖掘自身潜能，有目的、有意识地规划自己的未来，为以后职业生涯发展奠定坚实的基础。当然，有一个计划固然是好，但最重要的是要坚持并能做出一定成效。未来需要靠自己去努力、去拼搏。人们常说"计划赶不上变化"，要想成功，就要付出自己的努力，还要能够懂得抓住机遇。眼下社会变革迅速，对人才的要求也越来越高，我要用发展的眼光看问题，要适应社会的发展，不断提高思想认识、完善自己。要学会学习，学会创新，学会适应社会的发展要求，我相信只要我有不断努力的精神，就一定能够成功，相信我行、我能！

?! 课后习题

请根据自己的实际情况，设计一份自己的职业生涯规划。可按照序言、自我评价、他人评价、综合评价、我的目标、具体实施策略、结束语等环节来考虑。

第 2 章

前奏——影视华章之完美构思

2.1 完美的构图

（1）掌握景别的定义与运用。
（2）掌握景别的表现方式与产生效果。
（3）掌握影视画面的构图基础。
（4）掌握画面构图的常见形式。
（5）掌握拍摄角度对构图的影响。

1. 景别

影视片都由一个个镜头组合而成，有了镜头必然有景别出现。要想做出一部视觉冲击力强的影片，必须要准确把握构图，表现构图的前提是能正确认识景别，所以讲解运用构图时，我们首先从景别开始。

（1）景别的定义

简单地说，景别是被摄主体和画面形象在电视屏幕框架结构中所呈现出的大小和范围。

（2）决定画面景别大小的因素

决定画面景别大小的因素主要有以下两点。

① 摄像机和被摄体之间的实际距离。摄像机和被摄体之间的距离缩近，则图像变大而景别变小；摄像机和被摄体之间的距离拉远则图像缩小而景别变大。

② 摄像机所使用镜头的焦距长短。摄像机所使用的镜头焦距越长，则画面景别越小；摄像机所使用的镜头焦距越短，则画面景别越大。

（3）景别的分类

在通常情况下，我们把景别分为以下几类。

① 远景。远景通常用来表现广阔空间或开阔场面的画面。主体被包含在整个画面中，远景通常用在整部影片或一个场景的开始和结尾，用以交代故事发生的整体环境，如图 2-1 所示。

图 2-1 远景构图画面

② 全景。全景通常用来表现人物全身形象或某一具体场景全貌画面，如图 2-2 所示。

图 2-2 全景构图画面

③ 中景。中景通常用来表现人物膝盖以上的部分或场景局部画面，如图 2-3 所示。

图 2-3 中景构图画面

④ 近景。近景通常用来表现人物胸部以上部分或物体局部画面，如图 2-4 所示。

⑤ 特写。特写通常用来表现人物肩部以上的头像或某些被摄对象细部画面，如图 2-5 所示。

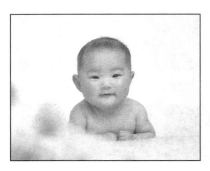

图 2-4　近景构图画面

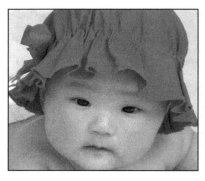

图 2-5　特写构图画面

2．构图

绘画时根据题材和主题思想的要求，把要表现的形象适当地组织起来，构成一个协调完整的画面称为构图。而影音画面构图可以理解为画面的布局与构成，指在一定的画幅格式中筛选对象、组织对象、处理好对象的方位、运动方向、线条、色调等造型因素。画面构图是影视造型艺术的重要组成部分。

影音画面构图有以下几个要点。

（1）画面要简洁

和照片一样，影视画面也必须通过构图做出一定的艺术选择，用取景框"给原来没有界限的自然划出界限"。删繁就简，是获取优美画面构图的第一步。

（2）主题要突出

画面构图必须处理好主题、陪体及环境的关系，做到主次分明、相互照应、轮廓清晰、条理和层次井然有序。

（3）立意要明确

想要有出色的构图，必须经过深刻的构思，切忌模棱两可、不明不白。

（4）画面应具有表现力和造型美感

通过画面的空间配置、光线的运用、拍摄角度的选择，调动影调、色彩、线形等造型元素，创造出丰富多彩、优美生动的构图形式。

（5）处理运动构图

如果没有人物，做环境和背景交代时，应找出能够表现环境特色的主要对象作为构图的依据；有人物时应以人物为构图的主体。运动构图必须有其合理的运动依据。

3．构图基础

在学习构图方式之前，下面先来了解构图基础。

（1）主次关系

① 一个画面，要有一个主题。画面的中心内容要突出，次要的东西要为主题服务，不能主次不分，更不能喧宾夺主。

② 通过对前景、后景的处理，运用前面物体和后面物体的透视关系，创造出非常强烈的空间感和具有深远效果的画面，如图 2-6 所示。

图 2-6　构图中的主次关系

（2）虚实关系

① 一幅画面，哪儿都清楚，处处都实在，使人一览无余，就会缺乏回味之处。有实有虚，虚实相对，若隐若现，会比较耐人寻味。

② 背景在人物的对比之下，会更加含蓄，富有意境，如图 2-7 所示。

图 2-7　构图中的虚实关系

提示

注意在实际构图中，主次关系和虚实关系通常是结合在一起的。

（3）疏密关系

① 疏密本身在画面中就形成了一种对比关系，使画面产生一种意境、一种美感。

② 构图时不讲疏密，洋洋洒洒，会给人没有主题、没有重点、松散、杂乱的感觉；构图时过于紧密，会给人一种拥挤、压迫、不透气的感觉，如图 2-8 所示。

图 2-8　构图中的疏密关系

（4）明暗对比关系

① 明暗对比关系主要指画面中黑、白、灰的安排和布局。

② 物体本身固有色应有深浅的对比变化。

③ 借助光线照射所产生的明暗变化来加深衬托和对比，如图 2-9 所示。

图 2-9　构图中的明暗关系

4．影音画面构图的常见形式

下面介绍几种影音画面构图的常见形式。

（1）黄金分割法构图

把画面（如课本、信纸）按照大约 3∶2 的比例进行分割，是最为理想的一种构图比例。黄金分割法是传统构图中最为常用的一种方法，在一幅摄影作品中，把主要物体放置在黄金分割点的周围，构图就会显得自然、舒服、赏心悦目，如图 2-10 所示。

图 2-10　黄金分割法构图

（2）三分法构图

三分法又称井字分割法，是一种古老的构图方法，四条分割线有四个交叉点，右侧的两个交叉点被认为是视觉重点，四条分割线也是安排物体的理想位置，如图 2-11 所示。

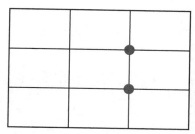 

图 2-11　三分法构图

（3）垂直式构图

垂直式构图给人以高大、挺拔、雄伟的感觉，常用来表现耸立、雄伟的场面，如图 2-12 所示。

图 2-12　垂直式构图

（4）水平式构图

水平式构图给人以平静、开阔、空旷的感觉，多用来表现平坦、宁静、抒情的场面，如图 2-13 所示。

（5）斜线式构图

斜线式构图给人以不稳定的动感，常用来表现运动的画面，也可以使静止的画面活起来，如图 2-14 所示。

图 2-13　水平式构图　　　　　　图 2-14　斜线式构图

（6）曲线式构图

曲线式构图富于变化和美感，轻松、流畅，一波三折，极有情趣，是拍摄风光常用的一种构图，如图 2-15 所示。

（7）框架式构图

框架式构图多利用景物的特定形状组成画面的整体轮廓，如利用建筑、窗口、城堡、树干、框角等，如图 2-16 所示。

图 2-15　曲线式构图　　　　　　　　图 2-16　框架式构图

5．拍摄角度对构图的影响

（1）平摄角度

① 拍摄点与被摄对象处于同一水平线上。

② 所形成的透视感比较正常，不会使被摄对象因透视变形而产生歪曲和损害。

③ 缺陷与不足在于把处于同一水平线上的前后各种景物，相对地压缩在一起，缺乏空间透视效果，不利于层次感的表现，如图 2-17 所示。

图 2-17　平摄角度构图

（2）仰摄角度

① 拍摄点低于被摄对象。

② 能够改变前后景物的自然比例，产生一种异常的透视效果。

③ 如果仰摄角度运用不当，容易产生严重变形或使直立的物体向后倾倒的效果，损害被摄对象的正常形象，如图 2-18 所示。

（3）俯摄角度

① 拍摄点高于被摄对象。

② 有助于表现盛大的场面，交代对象的地理位置，产生丰富的景深和深远的空间感。

③ 俯摄角度运用不当，会对人物形象起到丑化的作用，如图 2-19 所示。

图 2-18　仰摄角度构图

图 2-19　俯视角度构图

综上所述，好的影视画面要综合考虑以下几个方面。

■ 有一个明确的主题，通过画面能告诉观者一件事情或一个故事。

■ 有一定的视觉冲击力，能把观者的视线很快地吸引过来。

■ 画面要简洁，构图要合理。

■ 注意适当的拍摄角度。

 课后习题

把文件夹《完美的构图》中的构图作品，按照不同的景别、构图方式进行分类，以强化对构图的认识。

2.2　协调的色彩

知识概述

（1）掌握色彩在影视画面中的运用。

（2）掌握不同色彩所表达的情绪。

（3）掌握基本的配色方案。

（4）理解不同风格影视片所使用的色彩类型。

著名摄影师斯托拉罗曾经说过："色彩是电影语言的一部分，我们使用色彩表达不同的情感和感受，就像运用光与影象征生与死的冲突一样。"张艺谋也曾经在接受记者采访时说："我认为在电影的视觉元素中，色彩是最能唤起人的情感波动的因素……"的确，色彩是最具有感染力的视觉语言。色彩作为影视造型艺术的一个重要视觉元素，除了能还原景物的原有色彩，同时还能传递感情，表达情绪。色彩不但可以表现思想主题、刻画人物形象、体现时空转换、创造情绪意境、烘托影片气氛，而且是构成影片风格的有力艺术手段。当然，由于人们对不同色彩有不同的生理、心理反应，这也就形成了色彩的情感作用。

1. 不同色彩的表达效果

不同的色彩会赋予影视作品不同的氛围，表达不同的情绪。下面分别来进行详细介绍。

（1）红色

红色是太阳和火焰的色调，象征着温暖、热量，是爱情、热情、冲动、激烈等的感情象征。红色给人的视觉感受是热烈而活跃，具有蓬勃向上的感觉。代表作品有《红高粱》、《活着》。

① 在红色中加入少量的黄，会使其热力强盛，趋于躁动、不安。

② 在红色中加入少量的蓝，会使其热性减弱，趋于文雅、柔和。

③ 在红色中加入少量的黑，会使其色调变得沉稳，趋于厚重、朴实。

④ 在红中加入少量的白，会使其色调变得温柔，趋于含蓄、羞涩、娇嫩，如图 2-20 所示。

图 2-20　红色调在影视画面中的运用

（2）黄色

黄色给人以明朗和欢乐的感觉，常常被用来象征幸福和温馨。黄色因明度高，容易从背景中显现出来，具有引人注目、吸引观者视线的力量和条件。只要在纯黄色中混入少量的其他色，其色相感和色调均会发生较大程度的变化。代表作品有《木乃伊》、《末代皇帝》。

① 在黄色中加入少量的蓝，会使其转化为一种鲜嫩的绿色。其高傲的色调也随之消失，趋于一种平和、潮润的感觉。

② 在黄色中加入少量的红，则具有明显的橙色感觉，其色调也会从冷漠、高傲转化为一种有分寸感的热情、温暖。

③ 在黄色中加入少量的黑，其色感和色性变化最大，成为一种具有明显橄榄绿的复色印

象。其色性也变得成熟、随和。

④ 在黄色中加入少量的白，其色感变得柔和，其色调中的冷漠、高傲被淡化，趋于含蓄，易于接近，如图 2-21 所示。

图 2-21 黄色调在影视画面中的运用

（3）蓝色

蓝色在心理上形成一种冷的感觉，所以象征着寒冷。蓝色还包含着抑郁和忧伤的成分。歌德在《色彩理论》中曾经谈到，蓝色是一种能量，它处于负轴，最纯粹的蓝色是一种夺人的虚无，是蛊惑与宁静这对矛盾的综合体。蓝色的朴实、内向色调，常为那些色调活跃、具有较强扩张力的色彩，提供一个深远、广谱、平静的空间，成为衬托活跃色彩的友善而谦虚的朋友。蓝色还是一种在淡化后仍然能保持较强个性的颜色。如果在蓝色中分别加入少量的红、黄、黑、橙、白等色，均不会对蓝色的色调构成较明显的影响力。代表作品有《蓝色》、《千里走单骑》，如图 2-22 所示。

图 2-22 蓝色调在影视画面中的运用

（4）绿色

绿色是具有黄色和蓝色两种成分的色。在绿色中，将黄色的扩张感和蓝色的收缩感相中和，将黄色的温暖感与蓝色的寒冷感相抵消，这样使得绿色的色调最为平和、安稳，成为一种柔顺、恬静、满足、优美的颜色。绿色是自然生命中最生机盎然的色彩，也是红色的对比色，给人以一种平静、稳定、希望的感觉，是一种最适宜人眼睛的色彩。绿色象征着和平，代表着春天。代表作品有《十面埋伏》。

① 在绿色中黄的成分较多时，其色调趋于活泼、友善，具有幼稚性。

② 在绿色中加入少量的黑，其色调趋于庄重、老练、成熟。

③ 在绿色中加入少量的白，其色调趋于洁净、清爽、鲜嫩，如图2-23所示。

（5）黑色与白色

黑色与白色是无彩色，和其他有彩色一样，也起到表达感情的作用。黑色往往使人联想到死亡、忧愁，易产生失望、黑暗、阴险、罪恶的感觉。白色使人联想到光明、清晰、神圣，易产生纯洁、淡雅、稳定的感觉。但因黑色和白色是所有色彩中明度最低和最高的色彩，所以黑色的情绪又具有低沉、凝重、庄严等感觉，白色具有虚无、冷淡、和平等感觉。代表作品有《教父》、《英雄》，如图2-24所示。

图 2-23　绿色调在影视画面中的运用　　　　图 2-24　黑色调在影视画面中的运用

在制作影视片时，我们不需要了解太专业的色彩原理，但多了解一些常用的色彩搭配方法，是十分重要的。很多同学在影音制作时技术很娴熟，但做出的作品依然不好看，很大一部分原因就是色彩搭配出了问题。

想要熟练掌握色彩搭配，唯一的方法就是多看、多学、多做。模仿是学习的捷径。下面为大家介绍14套经典的配色方案，在做片时如果没有把握，就按照配色方案来，一般不会出错。

2. 经典的色彩搭配方案

① 表现忠厚、稳重、品位的色彩搭配方案如图2-25所示。

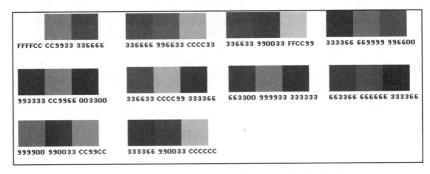

图 2-25　表现忠厚、稳重、品味的色彩搭配方案

② 表现传统、高雅、优雅的色彩搭配方案如图2-26所示。

③ 表现传统、稳重、古典的色彩搭配方案如图2-27所示。

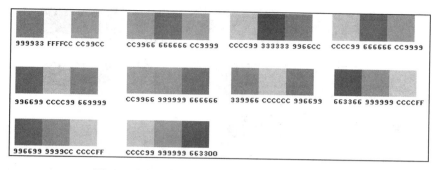

图 2-26 表现传统、高雅、优雅的色彩搭配方案

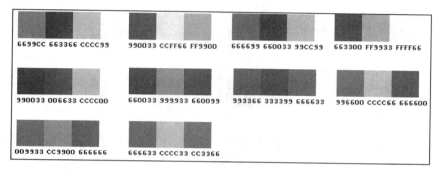

图 2-27 表现传统、稳重、古典的色彩搭配方案

④ 表现冷静、自然的色彩搭配方案如图 2-28 所示。

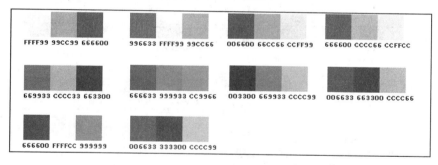

图 2-28 表现冷静、自然的色彩搭配方案

⑤ 表现高尚、安稳、自然的色彩搭配方案如图 2-29 所示。

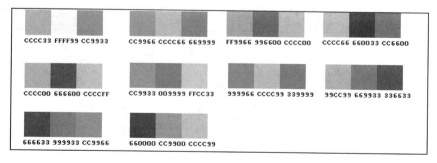

图 2-29 表现高尚、安稳、自然的色彩搭配方案

⑥ 表现简单、时尚、高雅的色彩搭配方案如图 2-30 所示。

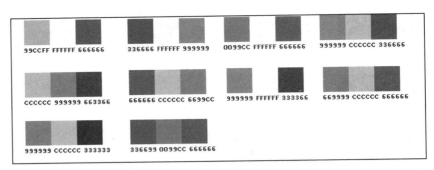

图 2-30　表现简单、时尚、高雅的色彩搭配方案

⑦　表现洁净、简单、进步的色彩搭配搭配方案如图 2-31 所示。

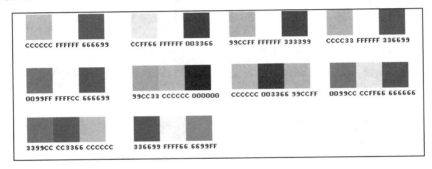

图 2-31　表现洁净、简单、进步的色彩搭配方案

⑧　表现华丽、花哨、女性化的色彩搭配方案如图 2-32 所示。

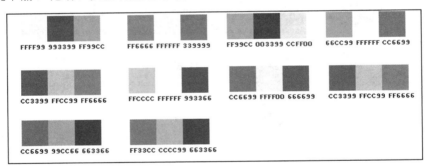

图 2-32　表现华丽、花哨、女性化的色彩搭配方案

⑨　表现柔和、温和、明亮的色彩搭配方案如图 2-33 所示。

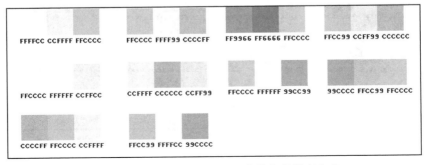

图 2-33　表现柔和、温和、明亮的色彩搭配方案

⑩ 表现洁净、爽朗、柔和的色彩搭配方案如图 2-34 所示。

图 2-34 表现洁净、爽朗、柔和的色彩搭配方案

⑪ 表现可爱、有趣、快乐的色彩搭配方案如图 2-35 所示。

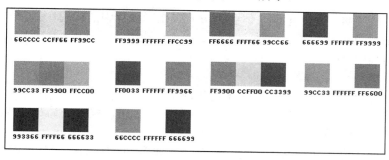

图 2-35 表现可爱、有趣、快乐的色彩搭配方案

⑫ 表现活泼、有趣、快乐的色彩搭配方案如图 2-36 所示。

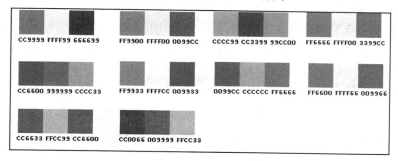

图 2-36 表现活泼、有趣、快乐的色彩搭配方案

⑬ 表现运动、轻快的色彩搭配方案如图 2-37 所示。

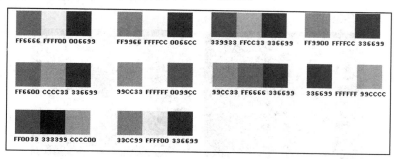

图 2-37 表现运动、轻快的色彩搭配方案

⑭ 表现动感、轻快、华丽的色彩搭配方案如图 2-38 所示。

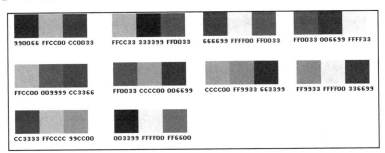

图 2-38　表现动感、轻快、华丽的色彩搭配方案

3. 色调在《英雄》这部影片中的表达

下面我们以《英雄》这部电影来体会色彩语言在影视片中的运用。《英雄》在总体上体现出唯美主义，影片色彩、构图、音效、光影、动作炉火纯青，作品十分大气。色调在本片中是故事叙述者的心理反映。

（1）红：嫉妒、怒火、痛苦、躁动

红色段落是无名给秦王编造的残剑飞雪的故事，因为是编造的，所以红色的基调反映出无名心中的躁动，而红色故事中又包含了嫉妒、怒火、痛苦，极致处为黄叶变红色。

（2）蓝：平静、爱情、牺牲、浪漫

蓝色段落是秦王发现了故事的破绽和无名的真实意图，心态仍然可以保持平稳，英雄惜英雄时所想象的完美的故事。蓝色的故事中包含平静、爱情、牺牲。极致处为无名与残剑在水上激斗后，残剑守护在飞雪身边。

（3）绿：真实、超脱、博爱

绿色段落是残剑给无名讲述的故事（天下）。残剑的心态已经返璞归真，柔和的绿色也增加了一些祥和、超脱、博爱，极致处为残剑放弃刺杀秦王，秦宫无尽的绿纱缓缓落下。

（4）白色与黑色：无感情色彩、真实

这是张艺谋讲的故事，贯穿影片的始终，不带任何色调，只有真实。

4. 色彩在本书影视实例中的运用

下面我们以本书中所制作的影视实例，来解释色彩的运用。

（1）艺术风格——环境保护宣传片

环保是厚重的主题，所以本片选择了黑色为主基调，在一开始就奠定了宣传片正式、沉重的态度；在片中贯穿正红色于片头、片中和片尾，特别是标题和重要标志部分，以起到突出强调的作用，如图 2-39 所示。

图 2-39　环境保护宣传片中的色调搭配

（2）通用婚庆片头

由于婚礼是喜庆之事，因此婚礼的纪录片以红色为主基调色。配以各种不同程度的红和明亮的黄色，符合中国人喜欢红火的习俗，可以通用在普通的中式婚礼记录前，如图 2-40 所示。

图 2-40　婚庆片中的色调搭配

（3）艺术活动纪录片头

忧郁的蓝色是音乐永恒的颜色，本片的主色调以蓝色为主。在蓝色中贯穿跳跃的橙黄色，既满足了颜色的协调，又能突出主题，如图 2-41 所示。

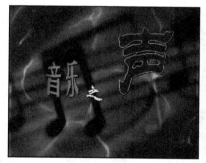

图 2-41　艺术活动纪录片中的色调搭配

（4）儿童电子相册

儿童类型的影片要体现活泼、童心、可爱的主题，所以本片中的色调选择以暖色调为主，通过多种跳跃颜色的协调搭配，既丰富多彩，又不显得过于花哨，如图 2-42 所示。

图 2-42　儿童电子相册中的色调搭配

一部影片应当用什么样的色彩，用哪几种色彩，这些都需要同学们在平时的练习过程中多积累，多揣摩，只有这样，艺术感觉才能不断地提高，才能制作出赏心悦目的优秀影视作品。

2.3 镜头的衔接

知识概述

（1）掌握镜头景别的分类。
（2）掌握镜头角度的分类。
（3）掌握运动镜头的分类。
（4）掌握镜头衔接的原则。

什么称为镜头？通俗地说，摄影机在一次开机到停机之间所拍摄的连续画面片断，简称镜头。镜头是影片构成的基本单位。

1. 镜头的景别

前面已经学习过景别，这里再复习一下。景别指摄影机在距被摄对象的不同距离或用变焦镜头摄成的不同范围的画面。景别可分为以下几类。

① 远景——表现远距离的人物及广阔范围的空间环境。
② 全景——表现人物全身及周围的环境。
③ 中景——表现人物膝盖以上的部分。
④ 近景——表现人物胸部以上的部分。
⑤ 特写——表现人物、物体或环境的细部。

电影摄影中还沿用着其他一些景别名称，如"大远景"、"大全"、"小全"、"人全"、"中全"、"半身"、"中近"、"近特"、"大特写"等，是以上五类景别的更细致划分。

2. 镜头的角度

① 摄像高度是指摄像机镜头与被摄主题在垂直平面上的相对位置或相对高度，如图 2-43所示。

② 镜头的角度指拍摄时摄像机与被摄对象之间的角度。其一般可分为平、仰、俯及正、侧、反几种。

■ 平角（平摄）：镜头与被摄对象在同一水平线上，画面庄重、平稳，如图 2-44 所示。

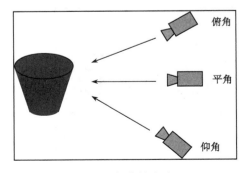

图 2-43 摄像的高度

图 2-44 平摄的摄像角度

■ 俯角（俯摄）：自上而下，由高到低的俯视效果，对象显得矮小、空旷，如图 2-45所示。

■ 仰角（仰摄）：从下往上，由低到高的仰视效果，对象显得高大、雄伟，如图 2-46
  所示。

图 2-45 俯摄的摄像角度   图 2-46 仰摄的摄像角度

3．镜头的运动

（1）摇镜头

中心位置不变，向纵横各方向摇摄。摇镜头主要有以下几个作用。

■ 展示空间，扩大视野。

■ 通过小景别画面包含更多的视觉信息。

■ 介绍、交代同一场景中两个物体的内在关系。

■ 可以摇出意外的内容，制造悬念。

（2）推镜头

摄像机对着被摄对象向前推近的拍摄方法及所摄取的画面。推镜头主要有以下几个作用。

■ 突出主体，突出重点形象。

■ 突出细节，突出重要情节因素。

■ 介绍整体与局部、客观环境与主体人物的关系。

■ 推进速度的快慢可以影响和调整画面节奏。

■ 可以加强或削弱主体的动感。

（3）拉镜头

摄像机对着被摄对象向后拉远所摄取的画面。拉镜头主要有以下几个作用。

■ 可形成视觉后移的效果。

■ 使得被摄主体由大变小，周围环境由小变大。

■ 交代背景。

（4）移镜头

滑动拍摄，语言意义与摇镜头十分相似，视觉效果更为强烈。移镜头主要有以下几个作用。

■ 表现大场面、大景深。

■ 表现某种主观倾向。

■ 摆脱定点拍摄产生多样化视点。

（5）跟镜头

摄像机跟随运动着的被摄对象拍摄所摄取的画面。跟镜头主要有以下几个作用。

■ 连续而详尽地表现角色在行动中的动作和表情。

■ 既能突出运动中的主体，又能交代动体的运动方向、速度、体态及其与环境的关系。

■ 拍摄主体只有一个。

■ 和被摄人物的视点统一。

4．镜头的衔接

镜头的衔接又称"蒙太奇"。简要地说，蒙太奇就是根据影片所要表达的内容和观众的心理顺序，将一部影片分别拍摄成许多镜头，然后再按照原定的构思衔接起来。蒙太奇会出现非凡的效果。

① 第一张图片+第二张图片=孩子饿了，如图 2-47 所示。

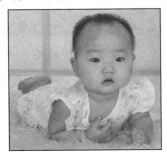

图 2-47　镜头衔接方式一

② 第一张图片+第二张图片=孩子想玩，如图 2-48 所示。

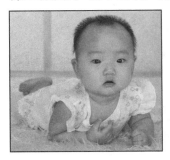

图 2-48　镜头衔接方式二

③ 第一张图片+第二张图片=孩子想妈妈，如图 2-49 所示。

图 2-49　镜头衔接方式三

④ 把以下 A、B、C 三个镜头，以不同的次序连接起来，就会出现不同的内容与意义：
A．孩子在笑；B．两只小猫；C．孩子在哭。

■ A—B—C 次序连接：孩子本来很高兴，看到猫后哭了。结论：孩子怕猫，如图 2-50 所示。

图 2-50　镜头衔接方式四

■ C—B—A 的次序连接：孩子本来很难过，看到猫后笑了。结论：孩子喜欢猫，如图 2-51 所示。

图 2-51　镜头衔接方式五

■ A—C—B 的次序连接：孩子本来很高兴，突然又哭了，猫很奇怪"孩子怎么哭了"？结论：不知道孩子喜欢不喜欢猫，如图 2-52 所示。

图 2-52　镜头衔接方式六

如此这样，改变一个场面中镜头的次序，而不用改变每个镜头本身，就完全改变了一个场面的意义，得出与之截然相反的结论，得到完全不同的效果。

5. 镜头衔接的技巧

（1）景别的变化要"循序渐进"

■ 前进式变化：景别变化由远景—全景—近景—特写，用来表现由低沉到高昂、向上的情绪和剧情的发展，如图 2-53 所示。

图 2-53　前进式变化的景别

■ 后退式变化：景别变化由特写—近景—全景—远景，用来表现由高昂到低沉、压抑的
情绪，在影片中表现由细节到扩展到全部，如图 2-54 所示。

图 2-54　后退式变化的景别

■ 环行变化：由全景—中景—近景—特写，再由特写—近景—中景—远景，或者反过来
运用，表现情绪由低沉到高昂，再由高昂转向低沉。

（2）同机位、同景别的衔接

■ 镜头衔接的时候，如果遇到同一机位，同景别且又是同一主体的画面是不能衔接的。
因为这样拍摄出来的镜头景物变化小，一幅幅画面看起来雷同，接在一起好像同一镜
头不停地重复。另一方面，这种机位、景物变化不大的两个镜头接在一起，只要画面
中的景物稍有变化，就会在人的视觉中产生跳动，或者好像一个长镜头断了好多次，
有"拉洋片"、"走马灯"的感觉，破坏了画面的连续性，如图 2-55 所示。

■ 遇到上述情况时可以采用过渡镜头，如从不同角度拍摄再衔接，穿插字幕过渡，让主
体的位置动作变化后再衔接。这样衔接后的画面就不会产生跳动、断续和错位的感
觉，如图 2-56 所示。

图 2-55 同机位、同景别的镜头衔接

图 2-56 过渡镜头的采用

（3）镜头衔接应遵循的规律

如果画面中同一主体或不同主体的动作是连贯的，可以动作接动作，达到顺畅、简洁过渡的目的，我们简称为"动接动"。如果两个画面中的主体运动是不连贯的，或者它们中间有停顿，那么这两个镜头的衔接，必须在前一个画面主体做完一个完整动作停下来后，接上一个从静止到开始的运动镜头，这就是"静接静"。"静接静"衔接时，前一个镜头结尾停止的片刻称为"落幅"，后一镜头运动前静止的片刻称为"起幅"，起幅与落幅的时间间隔为一两秒。运动镜头和固定镜头相衔接，同样需要遵循这个规律。如果一个固定镜头接一个摇镜头，则摇镜头开始要有起幅；相反一个摇镜头接一个固定镜头，那么摇镜头要有落幅，否则画面就会给人一种跳动的视觉感。为了特殊效果，也有静接动或动接静的镜头。

（4）镜头衔接的时间长度

■ 远景。远景是视距最远的景别。它视野广阔，景深悠远，主要表现远距离的人物和周围广阔的自然环境和气氛，内容的中心往往不明显。远景以环境为主，可以没有人物，有人物也仅占很小的部分。它的作用是展示巨大的空间，介绍环境，展现事物的规模和气势，拍摄者也可以用它来抒发自己的情感。使用远景的持续时间应在十秒以上。

■ 全景。全景包括被摄对象的全貌和它周围的环境。与远景相比，全景有明显的作为内容中心、结构中心的主体。在全景画面中，无论人物还是物体，其外部轮廓线条及相互间的关系，都能得到充分展现，环境与人的关系更为密切。同时全景有利于表现人和物的动势。使用全景时，持续时间应在八秒以上。

■ 中景。中景包括对象的主要部分和事物的主要情节。在中景画面中，主要的人和物的形象及形状特征占主要成分。使用中景画面，可以清楚地看到人与人之间的关系和感情交流，也能看清人与物、物与物的相对位置关系。因此，中景是拍摄中常用的景别。用中景拍摄人物时，多以人物的动作、手势等富有表现力的局部为主，环境则降到次要地位，这样，更有利于展现事物的特殊性。使用中景时，持续时间应在五秒以上。

■ 近景。近景包括被摄对象更为主要的部分（如人物上半身以上的部分），用以细致地表现人物的精神和物体的主要特征。使用近景，可以清楚地表现人物心理活动的面部表情和细微动作，容易产生交流。使用近景时，持续时间应在三秒以上。

■ 特写。特写是表现拍摄主体对象某一局部（如人肩部以上及头部）的画面，它可以做更细致的展示，揭示特定的含义。特写反应的内容比较单一，起到形象放大、内容深化、强化本质的作用。在具体运用时主要用于表达、刻画人物的心理活动和情绪特点，起到震撼人心、引起注意的作用。特写空间感不强，常常被用来做转场时的过渡画面。特写能给人以强烈的印象，因此在使用时要有明确的针对性和目的性，不可滥用。使用特写时，持续时间应在一秒以上。

2.4　稿本的写作

知识概述

（1）掌握影视稿本的定义。
（2）掌握影视稿本的基本格式。
（3）能把小说改写为影视稿本。
（4）能创作出影视稿本。

我们这里所提的稿本，特指"影视稿本"，或称"分镜头稿本"。那么什么称为影视稿本呢？

影视稿本就是将原始的文字材料设计划分为一个个小的分镜头，镜头是构成画面语言的基本单位，把若干镜头合乎逻辑，有节奏地组接起来就可以构成完整的视觉形象。分镜头稿本是拍摄制作的蓝图和依据，是对文字材料应用影视画面语言进行再创作的过程。

1. 影视稿本范例

著名的喜剧演员周星驰有一部代表作——《唐伯虎点秋香》，其中有一段主人公华安到华府求职的片段。下面来看这个片段如何以影视稿本的形式来呈现的，如表 2-1 所示。

表 2-1　华安到华府求职片段

序　　号	景　　别	画　　面	解　说　词
1	全景	秋香、石榴、华安站立	华安：好小子，算你惨，我们后会有期了
2	全景	华安欲走，秋香、石榴挽留	
3	中景	石榴与华安说话	石榴：那个人死了，只有买你了。 华安：是吗？ 石榴：是呀。 华安：那你再加五两。
		石榴掏钱	石榴：你这是坐地起价。 华安：不是，我是想把那位老兄埋了。
		石榴对秋香说	石榴：真是个好人，就买他吧。
		秋香夺银子	秋香：石榴，你说买就买呀，我们得先进去问问夫人才能决定啊。
		秋香对华安说	秋香：你明天再来好吗

序　号	景　别	画　面	解　说　词
4	中景—全景	秋香和石榴 回头	石榴：我去问
5	中景—近景	华安 秋香回眸一笑，转身进门	华安：秋香姐，辛苦你们了

2．影视片段的要素分析

①　假设无解说词，就是哑剧，无声音。没声音，再好的戏也出不来。

②　假设无画面，就是音乐或电台广播、说书，所以要加旁白。

③　假设无序号，故事情节就不会按照常理顺序发展，或产生完全不同的效果。

④　假设无景别，在完成拍摄时就会全无框定的范围。

3．标准影视稿本的格式

标准影视稿本的格式如表 2-2 所示。

表 2-2　标准影视稿本的格式

序　号	景　别	画　面	解　说　词	音　乐	字　幕	其　他

4．解说词的作用

（1）解释

对画面进行正确说明，防止不解或误解。解说词必须说明画面不能表现的内涵，直截了当地点明主体物是什么，在干什么，以及因果关系是什么。

（2）深化

解说词的深化作用表现在能够加强画面的感知震撼力，起到"话外有画"的作用。这便要求行文要有文采，布局要有跌宕。

（3）概括

从狭义的画面抽象出广义的理论，此为解说词的又一功用。

5．影视稿本的写作

为了便于大家学习影视稿本的写作，我们先从"改编"练起。

小说与影视剧本语言的不同特点如下。

■　小说可以综合运用叙述、描写、抒情、议论和说明等多种表现手法来刻画人物，表现社会生活，而影视剧本则主要运用记叙与描写的手法，所写的文字大都能转换成具体的画面，产生可视化的效果。

■　小说的造句长短皆可，口语、书面语皆可；影视剧本的造句多用短句，多用生活化的语言。

■　小说可以运用多种修辞手段使语言生动以加强表达效果；而影视剧本基本不用不能转换成动作与画面的修辞手法，但对话中的抒情除外。

举一个例子说明。小说《还珠外传》片段如下。

（背景：树林里）

（人物：白衣师父，紫薇）

（白衣师父正在练功，一片片的树叶在她掌间如雨絮般纷飞。紫薇悄悄来到她身后，白衣师父已然察觉，一片树叶飞去，紫薇灵巧地一扭身子，躲了过去。）

（白衣师父看了看紫薇，眼睛深处泛起一丝不易察觉的喜爱之意。）

白衣师父：（走到紫薇身边）我练功的时候最不喜欢别人打扰，这回算你命大（将地上的紫薇拉了起来）。

紫薇：（跪下）我想跟您学武，求您成全。

白衣师父：理由呢？

紫薇：（坚决）紫薇身负大仇！

白衣师父：（冷笑）做我的徒弟可不是一件容易的事。

紫薇：（膝行几步）死走逃亡一律与您无关。

白衣师父：光是这样远远不够，还要有悟性和决心。你有吗？

紫薇：有！

白衣师父：那就证明给我看。（指着一棵碗口粗的树，随意一掌拍下去，树身纹丝不动，树叶被掌力震得漫天飞舞，下起了一阵倾盆的木叶雨。）我会传你一套口诀，你按着口诀来练，12个时辰之内，如果你能震下这一半多的树叶，我就答应你。

紫薇：一言为定。

（背景：树林里，夜色阑珊，月华如水。）

（人物：紫薇）

（紫薇还在一掌接一掌地拍着这棵大树，树身依旧纹丝不动。紫薇擦了擦汗水，看了看已经磨掉了皮的稚嫩手掌，竟笑了笑，继续练习了。）

（夜色渐浓，将她六岁的纤弱的身影吞没了。）

（背景：次日清晨，树林里）

（人物：紫薇，白衣师父）

（一夜未睡的紫薇还在练习着。白衣师父不动声色地满意地一笑。）

白衣师父：（站在紫薇身后）知难而退吧。

紫薇：（眼睛盯着树）不要！

改编后的影视片段如表 2-4 所示。

表 2-4　改编后的影视片段

序　号	景　别	画　面	解　说　词	音　乐
1	远景	一片笼罩在白雾之中的树林		悠扬的古琴
2	全景	一个白色人影在林中飞舞		风声
3	近景	树叶从白衣人袖间穿过		
4	特写	树叶在掌中纷飞		
5	近景	白衣人突然转头		
6	全景	不远处站着紫薇		
7	特写	一片树叶从白衣人掌中飞出		
8	特写	树叶飞向紫薇的方向		

续表

序 号	景 别	画 面	解 说 词	音 乐
9	近景	紫薇一转身，树叶从她腰间划过一束秀发		"嗖"的声音
10	特写	秀发飘落到地上		
11	近景	紫薇跌坐在地上		
12	全景	白衣人走向紫薇		
13	近景	白衣人眼中一丝喜爱	白衣人：我练功的时候最不喜欢别人打扰，这回算你命大	
14	全景	白衣人拉起紫薇		
15	全景	紫薇跪下	紫薇：我想跟您学武，求您成全	
16	近景	白衣人	白衣人：理由呢	
17	近景	紫薇	紫薇：紫薇身负大仇	声
18	近景	白衣人	白衣人：做我的徒弟可不是一件容易的事情	
19	全景	紫薇膝行	死走逃亡一律与您无关	
20	全景	白衣人	光是这样远远不够，还要有悟性和决心。你有吗	
21	特写	紫薇眼神	紫薇：有！	
22	全景	白衣人指着一棵碗口粗的树，随意一掌拍下去，树身纹丝不动，树叶被掌力震得漫天飞舞，下起了一阵倾盆的木叶雨		
23	特写	一片树叶落到了手背上		
24	近景	紫薇惊讶的表情		树叶哗哗落地的声音
25	中景	白衣人	白衣人：我会传授你一套口诀	
26	近景	紫薇	紫薇：一言为定！	

制作影视片的基本顺序为：创意构思—影视稿本—准备素材（含拍摄）—编辑制作—特效制作—合成影片，而稿本是最重要的一个环节，制作影视片的一切工作都要围绕着稿本展开。同学们在学习过程中要多多积累，努力提高自己的写作能力，而绝不能仅仅满足于掌握娴熟的制作技术。殊不知，一个影视剪辑技能再熟练的人，如果缺乏主动创作稿本的能力，那永远只能做一个"工匠"，而缺乏自己的血肉和灵魂。

课后习题

按照标准格式，改写小说片段《拼搏的人生》为影视稿本，要求不少于 35 个镜头。

（1）工地 日 外景

（道具：工地常用工具，如铲子、水桶、木板、担子等。服装：工人们穿着肮脏的工人服装。杜光辉身穿肮脏的蓝色短袖衬衫和黑色西裤。）

工业区里一栋建筑中的大楼中，工地上的工人们正在劳动，搬水泥，抬石砖，堆砌红砖……

一群小孩的惊叫声，紧接着是小孩的求救声。

工人们听到了，都立刻停下手上的工作，跑向声音传来的地方。

（2）树下 日 外景

（服装：小孩们穿着普通的短衣裤；张家骏穿白色衬衫、灰色毛线衬衫、西裤质料的短裤，给人以富家子弟的感觉。）

工地后面的一棵大树下，一群（六个）小孩正在不知所措地哭喊着，树下，张家骏倒卧在地上，昏迷状态，腿部的鲜血不断渗透出来，工人们跑到现场。

二宝：快叫救护车。

阿强：应该进行急救，谁学过急救？

工人们都摇头。

杜光辉：（28岁，回忆人生经历）没时间考虑了（立刻抱起张家骏往医院跑去）。

众人用崇拜的眼光看着如英雄般的杜光辉，目送他离开。

（3）医院走廊 日 内景

病房外走廊，医生、护士走出来，向杜光辉交代病情。

医生：你是男孩的家人？男孩的腿骨折了，幸好及时送来得到治疗。

杜光辉：我不是他的家人。

护士：（欣赏的目光）看你那么焦急还以为……还真是个大好人。

杜光辉：不敢当，我当时只是想到自己儿子。（停顿一下）如果他有难的时候也能得到别人的帮助就好了。

医生：真是个好父亲，一起进去探望病人吧。

（4）病房 日 内景

（道具：脚部的石膏套，名牌钱包。）

张家骏躺在病床上，脚上打了石膏吊起，看着陌生的四周好害怕。见医生和杜光辉进来，瞪着大大的眼睛看他们。

护士：（微笑）小朋友，不用害怕，我们是医生，而他（指杜光辉）是救你的人。你记得家人的电话吗？护士姐姐会帮助你把他们联系来。

张家骏：（从口袋里掏出一个名牌的钱包）里面有他爸爸，妈妈公司的卡片。

护士：（打开钱包，里面有许多银行卡和现金，惊叹）哇……小朋友，你家里很有钱吧。（突然发觉自己的失态，不好意思。）

张家骏：姐姐你喜欢就拿去，还有送我来的叔叔，你们把它分了，我不要这害人的东西了。

杜光辉：小朋友，你为什么这么说？

张家骏：（泪汪汪的眼睛）都是它害的。小朋友都不跟我玩，还笑我是"二世祖"……

杜光辉：（画外音）没想到钱在这小孩的心中是这样的。

护士：（抄下卡片上的号码，把钱包还给张家骏）小朋友，钱都是你父母很辛苦赚回来的，你应该好好珍惜。我现在帮你联系你的父母。（医生、护士离开，杜光辉也想跟着离开）

张家骏：（眼睛水汪汪地看着杜光辉）叔叔，你也要走了吗？

第 3 章

钢琴独奏——Premiere Pro CS6 影音编辑

3.1 时尚风格——宝宝个人写真展示片

知识概述

（1）会创建字幕模板，并根据需要修改字幕模板中的内容。
（2）能把素材恰当地运用到字幕模板中。
（3）能添加适当的滤镜和转场。
（4）能添加和剪辑适当的音频。
（5）能合成特定格式的影片。

任务描述

儿童个人写真通常是可爱的、时尚化的和色调柔和的。男孩和女孩所需展现的元素又不尽相同，所以在整体风格上要表现出儿童特征。在内容中要表现出主体人物的图片、音频，创造出一种吸引人眼球的效果，以达到宣传的目的。

创意构思

考虑到做片的时间非常短，在这里我们决定用 Premiere 自带的字幕模板，利用现有的片头、片中和片尾，制作出一部风格统一的影片。为了贴合主体人物的特点，选择模板为暖色调系列，用儿童流行歌曲作为串接，以突出主题。

任务实施

① 打开 Premiere Pro CS6，在打开的界面中单击"新建项目"按钮，打开"新建序列"窗口，选择 PAL 格式的"标准 48kHz"选项，保存路径为"E:\客户照片\音视频后期处理人员\客户：宝妈"，输入名称为"宝贝写真展示片"，如图 3-1 和图 3-2 所示。

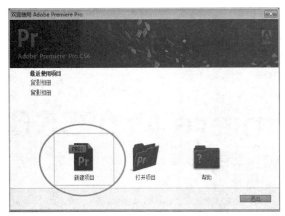

图 3-1　单击"新建项目"按钮

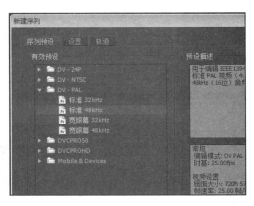

图 3-2　设置属性

② 单击"确定"按钮进入工作界面，如图 3-3 所示，调整好界面窗口。根据本展示片的节奏判断，在导入素材之前，先把一些属性进行预设。选择"编辑—首选项"命令，在打开的"首选项"窗口中选择"常规"选项卡，设置视频切换默认持续时间为 1 秒；在单帧项下设置静帧图像默认持续时间为 75 帧，如图 3-4 所示。

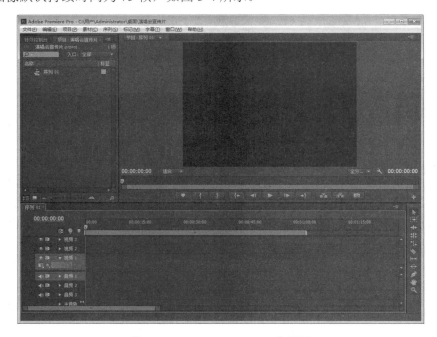

图 3-3　Premiere Pro CS6 工作界面

图 3-4 在"首选项"窗口中预设属性

③ 设置完毕后，双击项目素材库相应按钮，导入文件夹"客户：宝妈"内的"照片"和"音乐素材"。选择"字幕—新建字幕—基于模板"命令，在打开的"模板"窗口中选择字幕设计器预设下的"常规—小女孩—小女孩（边框）"命令，如图 3-5 和图 3-6 所示。

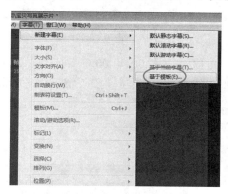

图 3-5 选择"基于模板"命令新建字幕

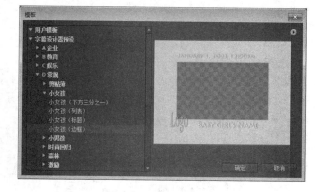

图 3-6 选择字幕模板

④ 单击"确定"按钮，字幕板中呈现出设计完成的背景和文字，下面只要在模板上修改即可。按照本展示片的主题删除多余内容并修改字幕模板，文字的字体更改为 DF WaWa-B5，再根据需要调整文字的字体大小和摆放的位置直至满意，如图 3-7 和图 3-8 所示。

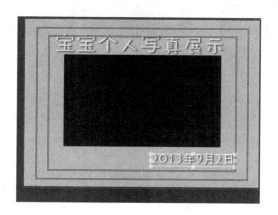

图 3-7 删除多余内容并修改字幕模板

图 3-8 修改模板字幕的文字

⑤ 关闭字幕板，把字幕"片头"从项目素材库拖动到视频 2 轨，拖动照片"1.jpg"到视频 1 轨，修改照片的缩放比例为 67%，如图 3-9 和图 3-10 所示。

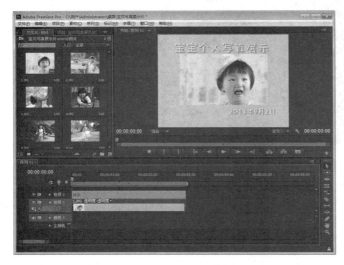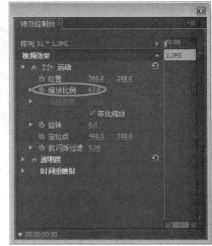

图 3-9　拖动模板字幕和照片　　　　　　　　　图 3-10　修改照片的缩放比例

⑥ 拖动选中的字幕和照片，拖长时间到 5 秒，时间轴移动到 00:00:00:00 处，按 Ctrl+D 键为照片开头添加转场"交叉叠化"，时间轴移动到 00:00:05:00 处，同样按 Ctrl+D 键为照片结尾添加转场"交叉叠化"，如图 3-11 和图 3-12 所示。

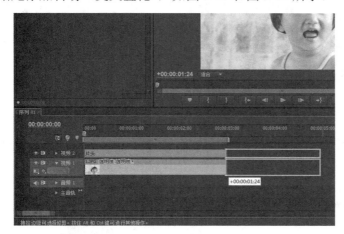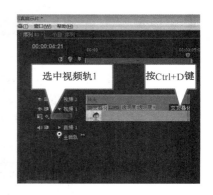

图 3-11　拖长字幕和照片的时间到 5 秒　　　　　图 3-12　用快捷方式为照片
　　　　　　　　　　　　　　　　　　　　　　　　　　添加转场"交叉叠化"

⑦ 选中视频 2 轨，用同样的方法给字幕文件的开头和结尾都添加转场"交叉叠化"，如图 3-13 所示。

触类旁通

观察转场"交叉叠化"前的红色标记，这是其他转场特效都没有的。因为在制作过程中，"交叉叠化"是非常常用的一个转场，所以软件附加了快捷键 Ctrl+D 给它，以方便制作。在实际使用时，如果想把其他转场设为默认转场，可以用快捷键实现，也可以右击相应的转场，选择"设为默认转场"命令即可。

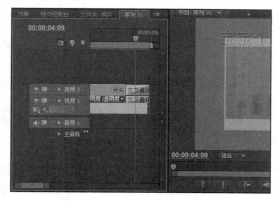

图 3-13 用快捷方式为字幕添加转场"交叉叠化"

⑧ 拖动照片"2.jpg"到视频 1 轨，与轨道上的照片"1.jpg"无缝衔接，拖长时间到 15 秒；选择"字幕—新建字幕—基于模板"命令，在打开的"模板"窗口中选择字幕设计器预设下的"常规—小女孩—小女孩（标题）"命令，如图 3-14 和图 3-15 所示。

图 3-14 拖动照片素材并放长

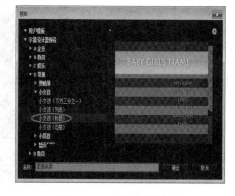

图 3-15 选择字幕模板

⑨ 更改模板文字，并删除条纹底图，然后在工具栏中选择矩形工具；在字幕上绘制矩形长条，修改填充颜色为白色，透明度为 60%，如图 3-16 和图 3-17 所示。

图 3-16 选择矩形工具

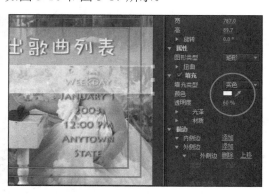

图 3-17 绘制白色半透明矩形长条

⑩ 复制白色长条一个，修改填充色为粉色，排列在白色长条的下方，以此类推，完成本字幕上的长条背景效果，如图 3-18 和图 3-19 所示。

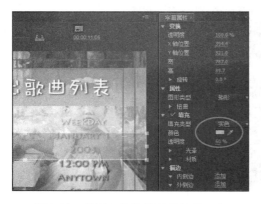

图 3-18　复制出粉色半透明长条一个　　　　　　　图 3-19　字幕的最终排列效果

⑪ 选择所有长条，右击，在弹出的快捷菜单中选择"排列—放到最底层"命令；输入歌曲名录，设置字体为 FZZong，字体大小为 40，行距为 55，设置为左对齐，摆放到合适的位置，然后关闭字幕，如图 3-20 和图 3-21 所示。

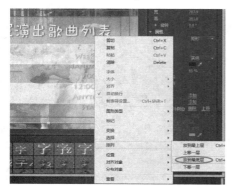
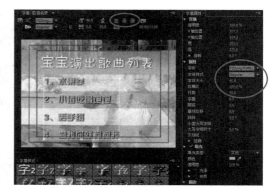

图 3-20　修改所有长条的排列次序　　　　　　　图 3-21　输入歌曲名录并设置属性

⑫ 拖动字幕"歌曲名录"到视频 2 轨，与前段无缝衔接，拖动长度与视频 1 轨一致，并在开头和结尾添加转场"交叉叠化"，如图 3-22 所示。

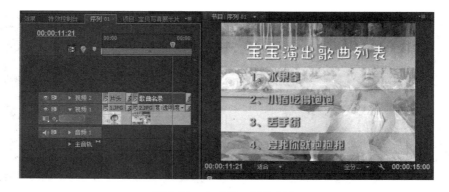

图 3-22　完成第二段的制作

⑬ 新建字幕模板。在"模板"窗口中选择字幕设计器预设下的"常规—小女孩—小女孩（列表）"命令，删除多余文字，修改标题文字并把矩形长条的位置移动到下方，如图 3-23 和图 3-24 所示。

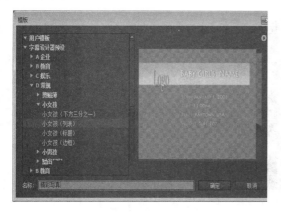
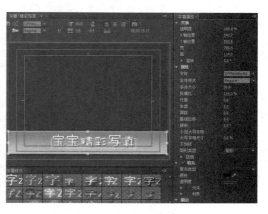

图 3-23 选择字幕模板   图 3-24 修改字幕模板中的文字

⑭ 拖动字幕"精彩写真"到视频 2 轨并与前段无缝衔接，拖长时间到 33 秒，连续选择照片"1.jpg"～"6.jpg"，拖动到视频 1 轨与前段无缝衔接，如图 3-25 所示。

图 3-25 拖动字幕和照片到时间线

⑮ 给每张照片之间增加转场"交叉叠化"，给视频 1 轨的字幕"歌曲名录"和"精彩写真"之间增加转场"黑场过渡"，完成展示片的制作，如图 3-26 和图 3-27 所示。

图 3-26 为照片添加转场"交叉叠化"   图 3-27 为字幕添加转场"黑场过渡"

⑯ 选择"文件—导出—媒体"命令，在打开的"导出设置"窗口中选择 Windows Media 格式并设置参数后，单击"导出"按钮完成输出，如图 3-28 和图 3-29 所示。

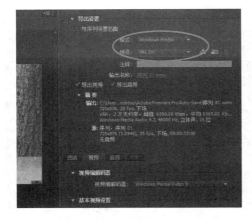

图 3-28　选择输出格式并设置参数　　　　　图 3-29　导出影片的过程

总结与回顾

　　本章通过对"宝宝个人写真展示片"的制作，主要学习了 Premiere Pro CS6 字幕模板的综合运用。通过本片的制作可以看出，在实际做片过程中，适当地使用模板可以大大缩短做片时间，提高效率，也能够达到较好的视觉效果。

课后习题

　　利用素材中《理查德·克莱德曼——忧郁的钢琴王子》中提供的素材，制作一部呼吁钢琴演奏会的宣传片。

操作提示

　　字幕—新建字幕—基于模板，选择与音乐主题相关的模板制作即可。

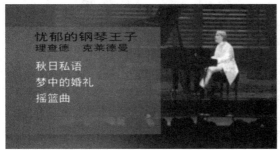

3.2 艺术风格——环境保护宣传片

知识概述

（1）掌握使用 Photoshop 软件各类操作技能和技巧。

（2）掌握使用 Premiere 的转场滤镜创建转场效果的方法和技巧。

（3）掌握使用 Premiere 的字幕工具创建静态字幕的方法和技巧。

（4）能综合运用 Premiere 的各类操作技能完成影视片的制作。

任务描述

环境保护是 21 世纪全球共同关注的焦点。为了引起人们的高度重视，呼吁人们从身边做起，爱护我们共同的家园，今天我们要制作一部以环保为主题的公益宣传片。

创意构思

因为本片的主题定位在让每个人都参与环保，从自身做起，从身边做起，都为环保尽一份力，所以本片以"拼图"为切入点，提出了"做一片拼图，拼一份希望"的口号。

本片从环境污染的现状开始，通过引起观众的高度注意，进而强调环境污染给人类带来的灾难，然后呼吁共同维护一个美丽的家园，从而达到公益宣传的目的。

任务实施

1. 准备素材

在 Photoshop 中准备好所有的图片素材，如图 3-30 所示。

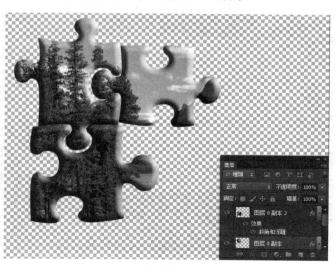

（a）

图 3-30 图片素材

（b）

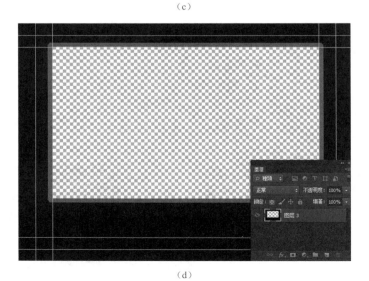

（c）

（d）

图 3-30　图片素材（续）

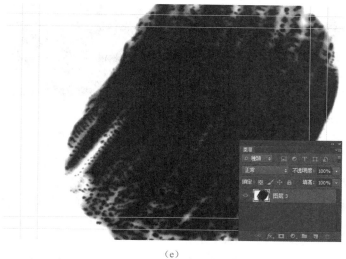

（e）

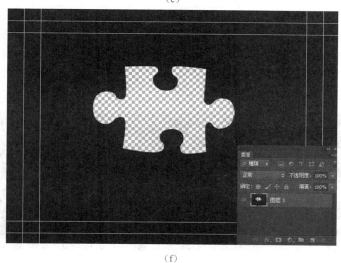

（f）

图 3-30　图片素材（续）

2．编辑制作影片

① 打开 Premiere Pro CS6，在打开的界面中单击"新建项目"按钮，如图 3-1 所示。

② 输入文件保存的位置和名称，如图 3-31 所示。

图 3-31　设置文件的保存位置和名称

③ 选择"编辑—首选项"命令，在打开的"首选项"窗口中选择"常规"选项卡，修改视频切换默认持续时间为 50 帧（两秒），静帧图像默认持续时间为 75 帧（3 秒），如图 3-32 所示。

数字影音编辑与合成（Premiere Pro CS6 + After Effects CS6）

图 3-32　自定义视频切换默认持续时间和静帧图像默认持续时间的值

提示 ·

系统默认下，视频切换默认持续时间为 30 帧，即 1 秒 5 帧，静帧图像默认持续时间为 150 帧，即 6 秒。在实际做片过程中，通过自定义默认持续时间，可以大大提高做片的效率。

注意：修改默认持续时间对已经导入到素材库中的素材无效，所以必须在素材导入之前修改设置。

④ 导入所有素材，PSD 格式的图片除了"拼图.psd"以序列形式导入外，其余全部以默认格式导入。打开时间线"拼图"，可见 PSD 格式的图片所有图层已经自动创建了相应的时间线。在最上层的时间线开始处添加视频转场"推"，设置持续时间为两秒，方向为从下，参数设置和效果如图 3-33 所示。

图 3-33　设置转场"推"的参数值

⑤ 给其余两层均添加同样的转场"推"，适当改变进入的方向，实现拼图分别从左右下三个方向进入的效果，如图 3-34 所示。

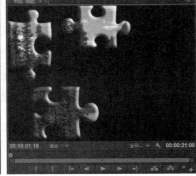

图 3-34　制作拼图进入的效果

⑥ 新建字幕"标题"，输入文字"环境保护"，每个字中间空一格，设置字体为 SimHei，字体大小为 45，颜色为红色，如图 3-35 所示。

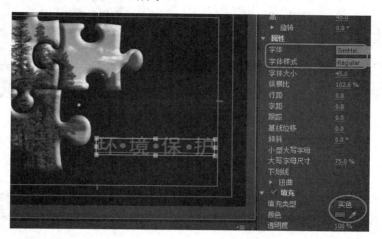

图 3-35　创建字幕"标题"

⑦ 选择椭圆工具，绘制红色的椭圆放置在文字中间，添加英文"We need your help"，设置字体为 Arial，放置在中文字符的下方，与中文字符等长，完成标题文字的制作，如图 3-36 所示。

图 3-36　在字幕窗口中设置字幕属性

⑧ 拖动字幕"标题"到视频 4 轨的两秒处，在开始处添加转场"推"，持续时间为两秒，拖动字幕文件和下层的图片文件等长，在 5 秒 24 帧处结束，如图 3-37 所示。

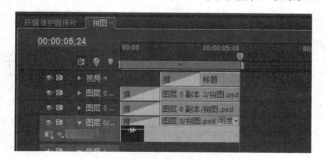

图 3-37　拖动字幕文件到时间线并添加转场

⑨ 新建字幕"01"，输入文字"地球是我们共同的家"，设置字体为 SimHei，字体大小为 31，字距为 6.2，颜色为白色，放置在画面中间，如图 3-38 所示。

数字影音编辑与合成（Premiere Pro CS6 + After Effects CS6）

图 3-38　新建字幕"01"

⑩ 在字幕板中单击"基于当前字幕新建"按钮，基于现有的字幕文件新建字幕，修改名称为"02"，替换文字为"但是……"，然后进行保存，如图 3-39 所示。

图 3-39　新建字幕"02"

⑪ 新建时间线"段落 1"，拖动字幕"01"和"02"到视频 1 轨，如图 3-40 所示。

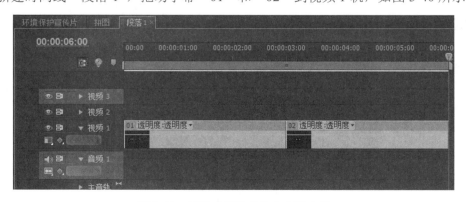

图 3-40　新建时间线并拖入字幕文件

⑫ 拖动素材图片"03.jpg"到视频 1 轨，和前面的字幕文件无缝连接，拖动图片"聚焦孔.psd"到视频 2 轨的 6 秒处，放置在图片"03.jpg"的上方，如图 3-41 所示。

图 3-41　拖动素材图片到时间线并设置位置和长度

⑬ 设置聚焦的效果。在 6 秒处设置缩放比例的关键帧，修改缩放比例为 600%，如图 2-42 所示；在 8 秒处设置缩放比例为 100%，如图 3-43 所示。

图 3-42　6 秒处缩放比例的参数值　　　　　图 3-43　8 秒处缩放比例的参数值

⑭ 新建字幕 "03"，用矩形工具绘制白色半透明背景，输入竖排文字，设置字体为 SimHei，字体大小为 35，字距为 8.2，颜色为黑色，如图 3-44 所示。

图 3-44　新建字幕 "03"

⑮ 基于字幕 "03" 制作出其他两个字幕（字幕 "04" 为 "水源受到严重污染"，字幕 "05" 为 "不可回收的垃圾堆积"），如图 3-45 所示，保存好字幕待用

⑯ 拖动字幕 "03" 到视频 3 轨的 6 秒处，与下层素材等长，在开始处添加转场 "交叉缩放"，实现字幕从画面外进入的效果，如图 3-46 所示。

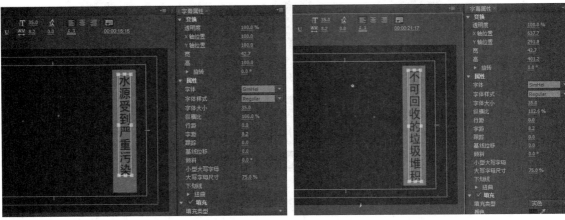

（a）字幕文件"04"　　　　　　　　　　　　　　　（b）字幕文件"05"

图 3-45　新建字幕"04"和"05"

图 3-46　为字幕"03"添加转场"交叉缩放"

⑰ 拖动素材图片"16.jpg"到视频 1 轨，和前面的图片无缝连接；把红色的时间线轴移动到 12 秒处，在视频 2 轨上复制一份设置过属性的图片"聚焦孔.psd"，无缝贴合在后方，如图 3-47 所示。

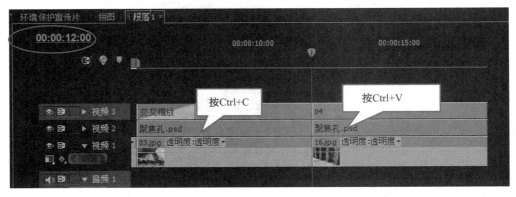

图 3-47　复制并粘贴素材图片"聚焦孔.psd"

⑱ 复制一份字幕"03"和"聚焦孔.psd"无缝连接在后面，拖动素材图片"22.jpg"到视频 1 轨，与前面的素材无缝连接，如图 3-48 所示。

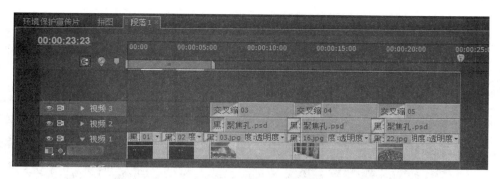

图 3-48 在时间线窗口排列素材图片的位置关系

⑲ 在素材库中找到字幕"04",按住 Alt 键的同时单击,拖动字幕"04"替换 12 秒处的字幕"03",完成替换,同样用字幕"05"替换字幕"03",如图 3-49 所示。

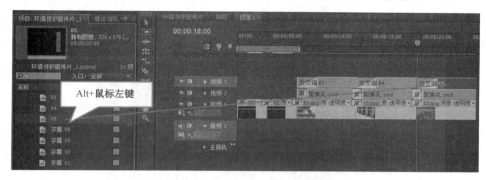

图 3-49 直接替换素材完成效果的设置

⑳ 选择"黑场过渡"命令,右击,在弹出的快捷菜单中选择"设置所选择为默认过渡"命令,如图 3-50 所示。

图 3-50 修改"黑场过渡"为默认转场

📢 提示

系统默认下,默认切换效果是"Cross Dissolve",即交叉叠化,默认切换效果可按 Ctrl+D 来实现。想要自定义默认切换效果,只需在相应效果上右击,选择相应命令即可。通过自定义影片中常用的效果为默认切换效果,可以大大提高做片的效率。

㉑ 在每段素材之间按 Ctrl+D 键,为素材之间添加转场"黑场过渡",完成时间线"段落 1"的制作,如图 3-51 所示。

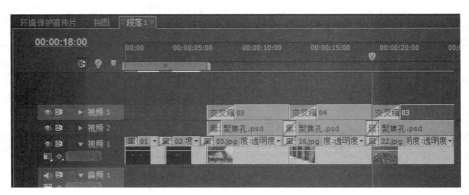

图 3-51　在素材间添加转场"黑场过渡"

㉒ 新建时间线"段落 2"，拖动视频素材到视频 1 轨，用剃刀工具在 00:00:09:19 处和 00:00:33:15 处把视频断开，截取表现环境污染的部分，如图 3-52 所示，然后删除头尾，保留中间一段。

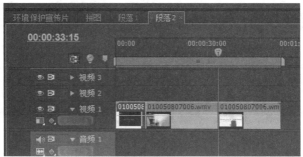

图 3-52　新建时间线"段落 2"并剪辑视频素材

㉓ 放大视频素材的缩放比例到 300%，移动视频的位置到（370，240），如图 3-53 所示。

图 2-53　修改视频素材的缩放比例和位置

㉔ 拖动图片"红边框.psd"到视频 2 轨，拖动图片"加字拼图.psd"到视频 3 轨，如图 3-54 所示。

㉕ 修改图片"加字拼图.psd"的位置到（630，490），缩放比例为 50%，最终效果如图 3-55 所示。

图 3-54 拖动图片到时间线并排列位置

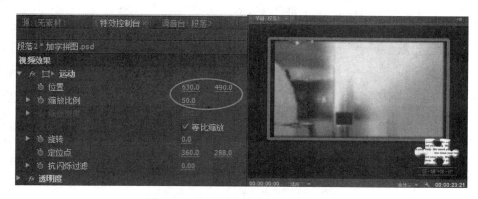

图 3-55 修改图片的位置和缩放比例

㉖ 新建字幕"08"～字幕"13"，拖动到视频 4 轨并无缝连接，给字幕之间添加转场"擦除"，实现擦除效果，如图 3-56 所示。

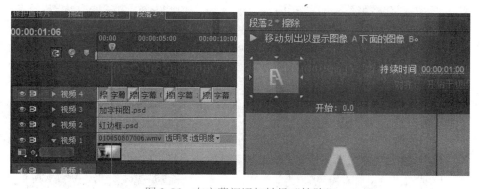

图 3-56 在字幕间添加转场"擦除"

提示

这里可以通过自定义默认切换效果到"擦除"，然后按 Ctrl+D 键快速添加转场。

㉗ 进行预览，完成时间线"段落 2"的制作，如图 3-57 所示。

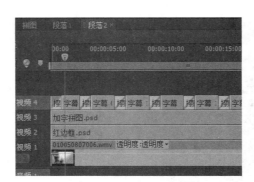

图 3-57　预览制作完成的时间线"段落 2"

㉘ 新建时间线"段落 3—1"，拖动图片素材"08.jpg"到视频 1 轨，拖动图片"笔刷.psd"到视频 2 轨，为图片素材"08.jpg"添加视频特效"轨道遮罩键"，参数设置如图 3-58 所示。

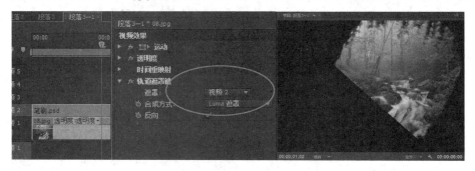

图 3-58　新建时间线"段落 3—1"

㉙ 新建字幕"14"，输入竖排文字"森林应该"，设置字体为 SimHei，字体大小为 40，字距为 20.5，如图 3-59 所示；新建字幕"15"，绘制白色长条，如图 3-60 所示。

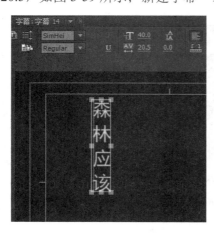

图 3-59　新建字幕"14"　　　　　　　　　　　　图 3-60　新建字幕"15"

㉚ 新建字幕"16"，输入竖排文字"翠绿"，设置字体为 SimHei，字体大小为 70，字距为 20.5，颜色为绿色，如图 3-61 所示。

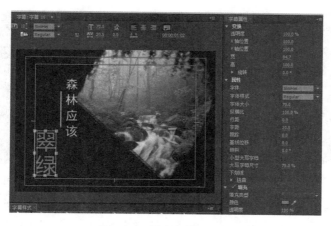

图 3-61 新建字幕 "16"

为了保证画面的色彩协调，这里在填充项下可以直接用吸管吸取画面中的绿色。

㉛ 把字幕 "14" ～字幕 "16" 依次拖动到视频 3 轨～视频 5 轨。为了便于管理，可把字幕名进行更改，如图 3-62 所示。

㉜ 为字幕 "森林应该" 设置微微移动的效果。在 00:00:00:00 处单击参数 "位置" 前的 "关键帧触发" 按钮，设置参数为（360，288），如图 3-63 所示；在 00:00:02:00 处设置参数为（360，360），以实现文字略微往下运动的效果，如图 3-64 所示。

图 3-62 拖动字幕到时间线并重命名

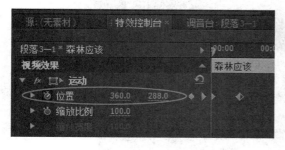

图 3-63 00:00:00:00 处的位置值

图 3-64 00:00:02:00 处的位置值

注意两个关键帧之间，只有 Y 值在变，而 X 值始终保持在 360，这样可以确保文字沿着 Y 轴垂直运动。

㉝ 为视频 1 轨的图片素材 "08.jpg" 和视频 4 轨的字幕 "长条" 分别添加转场 "擦除"，方向为从上，持续时间为两秒，如图 3-65 所示。

图 3-65　为图片素材添加转场"擦除"

㉞ 在项目素材库中选择时间线"段落 3—1"。选择"编辑—副本"命令，复制一个新的时间线"段落 3—1"，如图 3-66 所示；修改该时间线名为"段落 3—2"，如图 3-67 所示。

㉟ 打开时间线"段落 3—2"，可以看到里面所有的内容还是"段落 3—1"的内容。下面我们用所需要的素材来替换。找到项目素材库中的图片素材"23.jpg"，按住 Alt 键的同时单击，拖动"23.jpg"到时间线中的"08.jpg"，实现快速替换，如图 3-68 所示。

图 3-66　制作时间线"段落 3—1"的副本　　　　　　　　图 3-67　修改副本的名称

图 3-68　快速替换图片素材

㊱ 新建字幕"蔚蓝"和"大海应该"，均用刚才介绍的快速替换方式完成时间线"段落 3—2"的制作，如图 3-69 所示。

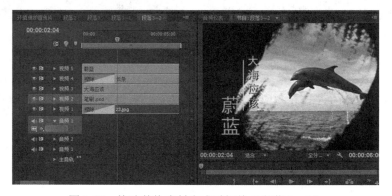

图 3-69　快速替换素材完成时间线"段落 3—2"

㊲ 用同样的方法复制修改时间线"段落 3—3",用图片素材"04.jpg"替代,新建字幕"生命应该"和"鲜活",通过替换完成制作,如图 3-70 所示,详见源文件。

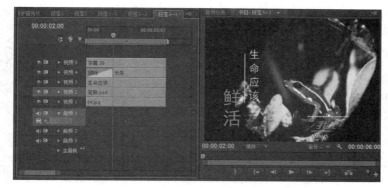

图 3-70 快速替换完成时间线"段落 3—3"的制作

提示

在做片过程中,要充分利用复制、替换的方式来提高制作效率。

㊳ 新建时间线"段落 3",把时间线"段落 3—1"~"段落 3—3"拖动到视频 1 轨并无缝连接,为每段时间线中间添加转场"黑场过渡",完成制作,如图 3-71 所示。

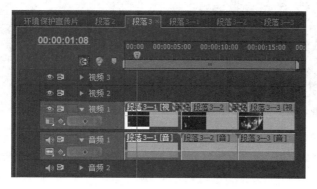

图 3-71 完成时间线"段落 3"的制作

㊴ 新建时间线"片尾",拖动图片素材"05.jpg"到视频 1 轨,拖动图片"空拼图.psd"到视频 2 轨,如图 3-72 所示;放大图片素材"05.jpg"的缩放比例到 150%,如图 3-73 所示。

图 3-72 新建时间线"片尾"

图 3-73 设置图片素材的缩放比例

㊵ 给视频 2 轨的图片"空拼图.psd"添加转场"交叉缩放"，持续时间为 4 秒，效果如图 3-74 所示。

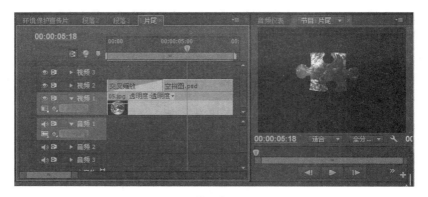

图 3-74 为图片素材添加转场"交叉缩放"

㊶ 在视频 3 轨的 00:00:05:18 处拖入字幕"标题"，在开始处添加转场"推"，持续时间为两秒，完成片尾的制作，如图 3-75 所示。

图 3-75 为字幕添加转场"推"

㊷ 新建时间线"环境保护宣传片"，依次拖入时间线"拼图"、"段落 1"、"段落 2"、"段落 3"和"片尾"，在开始和交界的位置添加转场"黑场过渡"，持续时间为两秒，如图 3-76 所示，完成影片的制作。

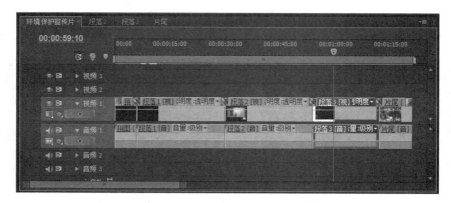

图 3-76 完成时间线"环境保护宣传片"的制作

总结与回顾

本章通过"环境保护宣传片"的制作，主要学习了 Photoshop 和 Premiere Pro CS6 的综合运用。通过本片的制作可以看出，在实际做片过程中，要先在脑海中把整个次序理顺，并灵活运用自定义参数设置，来提高做片的效率。

知识拓展

1. 视频素材的常用文件类型

（1）AVI 视频文件

AVI（Audio Video Interleaved）是 Windows 使用的标准视频文件，它将视频和音频信号交错在一起存储，兼容好、调用方便、图像质量好，缺点是文件体积过于庞大。AVI 视频文件的扩展名为.avi。

（2）MPEG 视频文件

MPEG（Motion Picture Experts Group）文件家族中包括了 MPEG-1、MPEG-2 和 MPEG-4 在内的多种视频格式。通过 MPEG 方法进行压缩，具有极佳的视听效果。就相同内容的视频数据来说，MPEG 文件要比 AVI 文件规模小得多。

（3）DAT 视频文件

.dat 是 VCD（影碟）或卡拉 OK-CD 数据文件的扩展名。虽然 DAT 视频的分辨率只有 352×240 ，然而由于它的帧率比 AVI 格式高得多，而且伴音质量接近 CD 音质，因此其整体效果还是不错的。播放 DAT 视频文件的常用软件有 XingMPEG、超级解霸等。

（4）RM 和 ASF 视频文件

RM（.rm 为 Real Video/Audio 文件的扩展名）和 ASF（Advanced Streaming Format）是目前网络课件中常见的视频格式，又称流（Stream）式文件格式。它采用流媒体技术进行特殊的压缩编码，使其能在网络上边下载边流畅地播放。上述格式视频文件的播放软件主要有 RealPlayer 和 Windows Media Player 等。

（5）MOV 视频文件

MOV 视频文件为 QUICKTIME 播放格式，由 Apple 公司开发。

2. 各种常见类型的视频文件的应用范围

（1）PAL DV

PAL DV 属于 DV AVI 文件，通常用于制作完影片后，回录到 DV 磁带上，扩展名为.avi。

（2）PAL DVD

PAL DVD 属于 MPEG-2 压缩标准，用来刻录 DVD 光盘，扩展名为.mpg。

（3）PAL SVCD

PAL SVCD 属于 MPEG-2 压缩标准，用来刻录 SVCD 光盘，扩展名为.mpg。

（4）PAL VCD

PAL VCD 属于 MPEG-1 压缩标准，用来刻录 VCD 光盘，扩展名为.mpg.。

（5）流媒体 Real Video

Real Video 属于流媒体文件格式（边下载边播放），用于网络上视频的发布，扩展名为.rm。

（6）流媒体

Windows Media Format 属于流媒体（Windows Media Format）文件格式，用于网络上视频的发布，扩展名为.wmv 或者.asf。

3．文件导出

在 Premiere 中选择"文件—导出—媒体"命令，在打开的"导出设置"窗口的文件类型下可根据需要选择不同的格式，如图 3-77 所示；在下方的视频窗口中还可以手动调节部分参数，如图 3-78 所示。

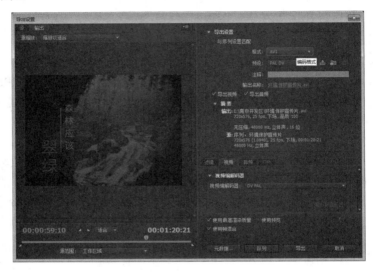

图 3-77　在输出设置中选择格式

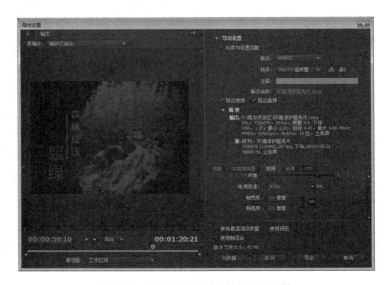

图 3-78　在 MPEG-2 格式中设置参数

课后习题 ·····················

利用素材中《温室效应》提供的素材，制作一部呼吁环保的公益宣传片。

⬤操作提示

本片题材较凝重，色调不宜过于鲜艳，节奏不宜过快，整部片子的环保因素要统一，尤其是字幕的设计，可成为点睛之笔。

3.3 抒情风格——希望工程宣传片

知识概述

（1）掌握使用 Photoshop 软件各类操作技能和技巧。
（2）掌握使用 Premiere 的转场滤镜创建转场效果的方法和技巧。
（3）掌握使用 Premiere 的字幕工具创建静态字幕的方法和技巧。
（4）掌握使用 Premiere 的导出单帧命令输出图片。
（5）能综合运用 Premiere 的各类操作技能完成影视片的制作。

⬤任务描述

希望工程是中国青基会发起倡导并组织实施的一项社会公益事业，其宗旨是资助贫困地区失学儿童重返校园，建设希望小学，改善农村办学条件。希望工程的实施，改变了一大批失学儿童的命运，改善了贫困地区的办学条件，唤起了全社会的重教意识，促进了基础教育的发展。今天我们要制作一部以希望工程为主题的公益宣传片。

⬤创意构思

本片的主色调以黑色为主，辅以红色和白色。简洁的颜色搭配突出影片厚重的主题，曝光过度的胶片效果体现希望工程悠久的历史，大量的现实图片表现出强烈的视觉冲击，给人以心灵的震撼。

　　本片从失学儿童的现状开始，通过引起观众的高度注意，进而突出为了希望工程已经做出努力的人们，然后呼吁共同来改变这种状态，挽救失学儿童和他们的家庭，从而达到公益宣传的目的。

任务实施

1. 准备素材

在 Photoshop 中准备好所有的图片素材，如图 3-79 所示。

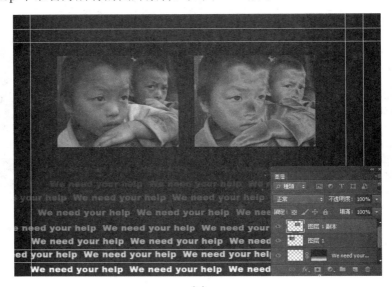

（a）

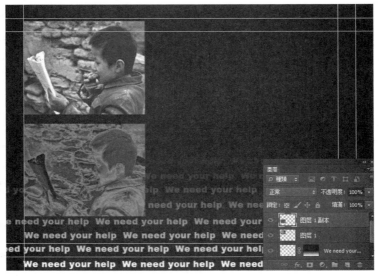

（b）

图 3-79　图片素材

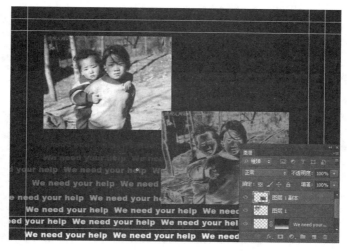

（c）

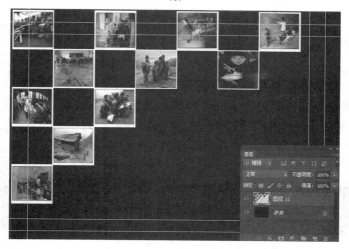

（d）

（e）

图 3-79　图片素材（续）

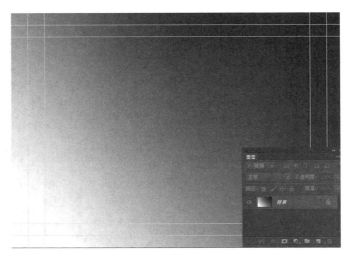

（f）

图 3-79 图片素材（续）

2．编辑制作影片

① 打开 Premiere Pro CS6，在打开的界面中单击"新建项目"按钮，如图 3-1 所示。

② 输入文件保存的位置和名称，如图 3-80 所示。

③ 选择"编辑—首选项"命令，在打开的"首选项"窗口中的"常规"选项卡下，修改视频切换默认持续时间为 50 帧（两秒），静帧图像默认持续时间为 125 帧（5 秒），如图 3-81 所示。

图 3-80 设置文件的保存位置和名称

图 3-81 自定义视频切换默认持续时间和静帧图像默认持续时间

④ 导入所有素材，PSD 格式的图片全部以默认格式导入。新建时间线"片头 1"，在开始添加转场"渐变擦除"，参数设置和效果如图 3-82 所示。

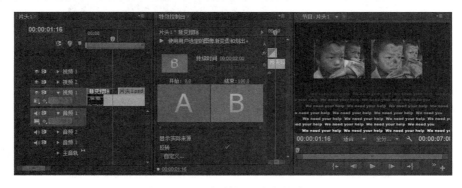

图 3-82 添加转场"渐变擦除"

⑤ 在效果控制中单击"自定义"按钮，弹出"渐变擦除设置"对话框，如图 3-83 所示。

⑥ 单击"选择图像"按钮，选择图片"遮罩.psd"，然后单击"确定"按钮，如图 3-84 所示。

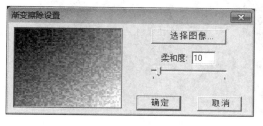 

图 3-83　"渐变擦除设置"对话框　　　　　图 3-84　选择图片作为转场的遮罩

⑦ 新建字幕"01"，输入文字"希望工程"，设置字体为 SimHei，字体大小为 40，颜色为红色，如图 3-85 所示。

图 3-85　新建字幕"01"

⑧ 拖动字幕文件到视频 2 轨的 00:00:03:04 处，在开始处添加转场"交叉叠化"，如图 3-86 所示。

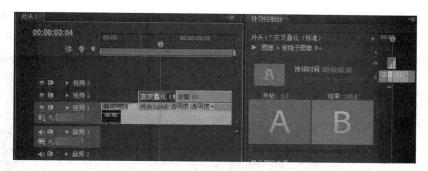

图 3-86　添加转场"交叉叠化"

🔊 提示 •

因为之前已经设置自定义参数，转场为两秒，所以所有的转场都持续两秒，下面不再赘述。

⑨ 制作时间线"片头 1"的副本，修改名称为"片头 2"，按住 Alt 键的同时直接拖动素材库中的图片"片头 2.psd"替换图片"片头 1.psd"，修改字幕"01"的位置到（360，180），完成时间线"片头 2"的制作，如图 3-87 所示。

图 3-87　利用副本制作时间线"片头 2"

⑩ 制作时间线"片头 1"的副本，修改名称为"片头 3"，按住 Alt 键的同时直接拖动素材库中的图片"片头 3.psd"替换图片"片头 1.psd"，修改字幕"01"的位置到（386，85），完成时间线"片头 3"的制作，如图 3-88 所示。

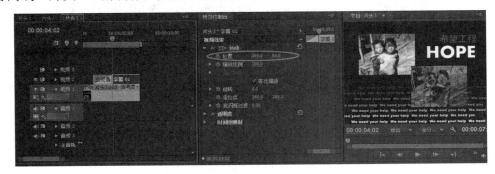

图 3-88　利用副本制作时间线"片头 3"

⑪ 新建时间线"片头 4"，拖动图片"片头 4.psd"到视频 1 轨，在开始处添加转场"棋盘"，如图 3-89 所示。

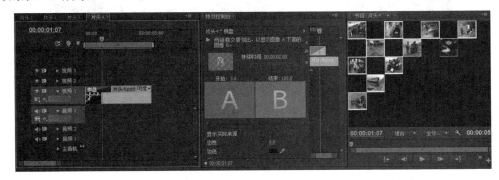

图 3-89　添加转场"棋盘"

⑫ 新建字幕"02"，用矩形工具绘制红色图形，如图 3-90 所示。

⑬ 输入文字"We need your help"，设置字体为 Arial，颜色为白色；输入文字"希望工程"，设置字体为 SimHei，颜色为红色；输入文字"任重道远"，设置字体为 SimHei，颜色为白色，排列如图 3-91 所示。

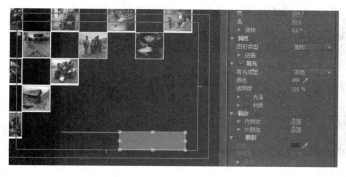

图 3-90　新建字幕 "02"

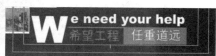

图 3-91　完成字幕 "02"

⑭ 把字幕 "02" 拖动到视频 2 轨的 00:00:03:07 处，在开始处添加转场 "推"，方向为从右，如图 3-92 所示。

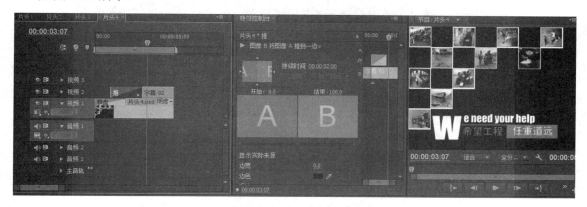

图 3-92　添加转场 "推"

⑮ 新建时间线 "片头"，依次拖入时间线 "片头 1"、"片头 2"、"片头 3"、"片头 4" 并无缝连接，在中间添加转场 "黑场过渡"，如图 3-93 所示。

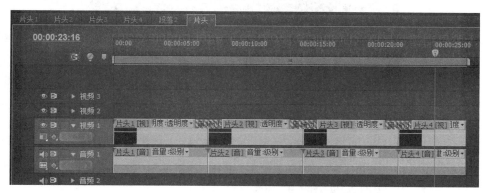

图 3-93　完成时间线 "片头"

⑯ 新建时间线 "段落 1"，新建字幕 "03"，输入文字 "这是一双双渴望的眼睛……"，设置字体为 SimHei，字体大小为 30，如图 3-94 所示，然后拖动字幕文件到视频 1 轨，持续时间为 5 秒。

数字影音编辑与合成（Premiere Pro CS6 + After Effects CS6）

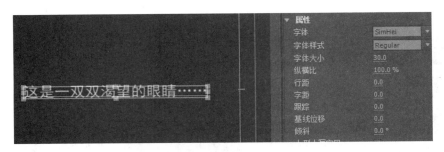

图 3-94　新建字幕"03"

⑰ 拖动素材图片"09.jpg"到视频 1 轨，与前面的字幕无缝连接，修改缩放比例为 120%，如图 3-95 所示。

图 3-95　修改图片"09.jpg"的缩放比例

⑱ 为图片"09.jpg"添加"高斯模糊"视频滤镜，设置模糊度值为 30，模糊模式为水平和垂直，如图 3-96 所示。

图 3-96　设置"高斯模糊"视频滤镜的参数

⑲ 拖动图片素材"05.jpg"到视频 2 轨的 00:00:05:00 处，持续时间为两秒，连续放置三段，均添加视频特效"黑白"，如图 3-97 所示。

🔊 提示 ●--

这里也可以直接拖动一段图片素材"05.jpg"，用剃刀工具把该段素材切分为三段，每段 2 秒。在英文状态下按字母 C 键可快速切换到剃刀工具。

图 3-97　添加视频特效"黑白"

⑳ 设置第一段图片"05.jpg"的缩放比例为 100%，如图 3-98 所示。

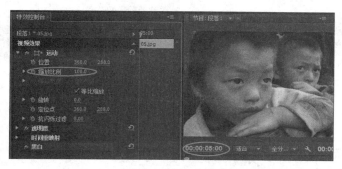

图 3-98　修改第一段图片的缩放比例

㉑ 设置第二段图片"05.jpg"的缩放比例为 200%，如图 3-99 所示。

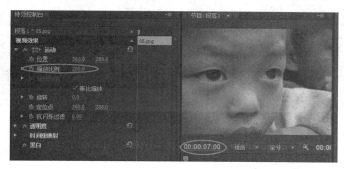

图 3-99　修改第二段图片的缩放比例

㉒ 设置第三段图片"05.jpg"的缩放比例为 300%，如图 3-100 所示。

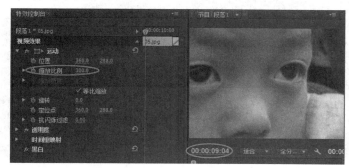

图 3-100　修改第三段图片的缩放比例

㉓ 时间线轴定位在 00:00:10:24 处，选择"文件—导出—媒体"命令，选择格式为 JPEG 的静态图片，保存为图片"眼神 1.bmp"，如图 3-101 所示。

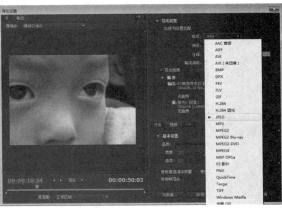

图 3-101　导出单帧图片"眼神 1.bmp"

㉔ 给图片"眼神 1.bmp"制作位置关键帧。在 00:00:11:00 处单击参数"位置""缩放比例"、"旋转"前的"关键帧触发"按钮，参数均保持默认设置，如图 3-102 所示。

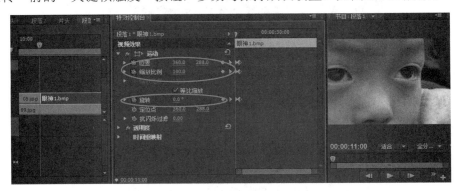

图 3-102　在 00:00:11:00 处设置关键帧值

㉕ 在 00:00:13:00 处设置位置为（167.3，155.8），缩放比例为 30%，旋转为-20，完成图片"眼神 1.bmp"的制作，如图 3-103 所示。

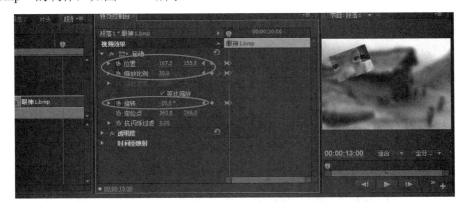

图 3-103　在 00:00:13:00 处设置位置的关键帧值

㉖ 复制三段完成过特效设置的图片"05.jpg"到视频 3 轨的 00:00:14:15 处，如图 3-104 所示。

图 3-104 复制素材并粘贴

㉗ 在素材库中找到图片素材"18.jpg"，用该图片替换时间线窗口视频 3 轨上的图片"05.jpg"，如图 3-105 所示。

图 3-105 替换素材实现效果

🔊 提示

替换素材的方法可以大大提高效率，在做片过程中要充分利用。

㉘ 在段落结尾 00:00:20:15 处用输出单帧的方法输出图片"眼神 2.bmp"，拖动图片到时间线并无缝连接，如图 3-106 所示。

㉙ 在 00:00:22:15 处直接修改图片"眼神 2.bmp"的位置为（250，250），旋转为 10°，如图 3-107 所示。

图 3-106 输出图片"眼神 2.bmp"并无缝连接

数字影音编辑与合成（Premiere Pro CS6 + After Effects CS6）

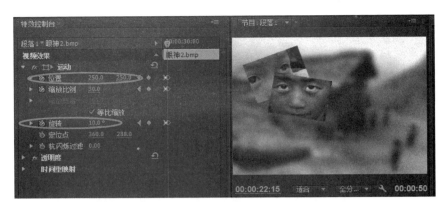

图 3-107　在 00:00:22:15 处修改关键帧值

㉚ 用同样的方法制作出其余两张眼神照片的特效，时间线排列和效果如图 3-108 所示，具体制作详见源文件。

图 3-108　分别修改其余两张图片的关键帧值

㉛ 把所有视频轨道的素材选中，拖长到 50 秒处，给所有段落的交接处添加转场"黑场过渡"，如图 3-109 所示。

图 3-109　添加转场"黑场过渡"

㉜ 新建字幕"08"，输入横排文字"命运的坎坷，生活的艰辛，挡不住对知识的渴求"，设置字体为 SimHei，字体大小为 35，颜色为黄色，阴影为黑色，透明度为 100%，角度为-240°，如图 3-110 所示。

076

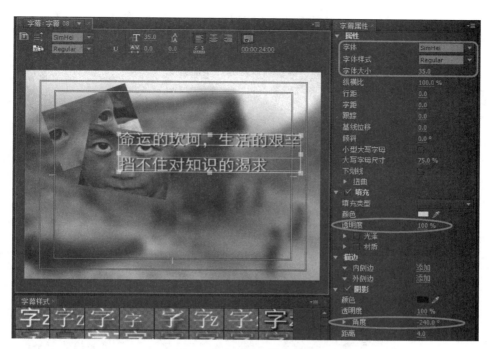

图 3-110　新建字幕"08"

㉝ 新建字幕"10"，输入文字"We want go to school"，设置字体为 Arial，字体大小为 96，颜色为白色，透明度为 50%，如图 3-111 所示。

图 3-111　新建字幕"10"

㉞ 在字幕"08"和字幕"10"的开始处添加 1 秒的转场"推"，效果如图 3-112 所示。

㉟ 给所有的"眼神"素材统一加上"附加叠化"转场效果；完成的时间线"段落 1"如图 3-113 所示。

㊱ 新建时间线"段落 2"，依次拖动图片素材"02.bmp"、"04.jpg"和"13.jpg"到视频 1 轨并无缝连接，每张图片持续时间为 5 秒，中间添加转场"交叉叠化"；拖动图片"蒙

板.psd"到视频 2 轨，与视频 1 轨的素材等长，如图 3-114 所示。

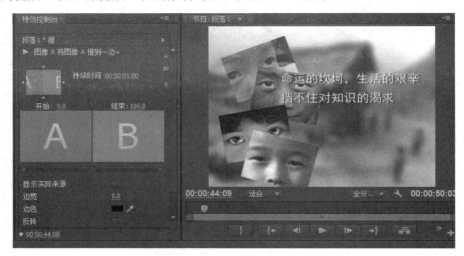

图 3-112　添加转场"推"

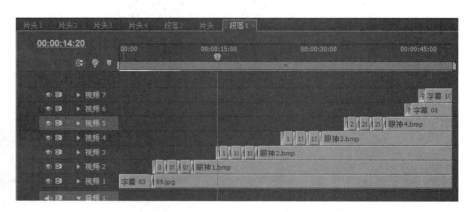

图 3-113　完成时间线"段落 1"的制作

图 3-114　新建时间线"段落 2"并排列素材

㊲ 新建字幕"04"，输入竖排文字"教育是国家的基础"，设置字体为 SimHei，字体大小为 35，字距为 10，颜色为黄色，如图 3-115 所示。

图 3-115　新建字幕 "04"

提示

新建字幕除了可以通过菜单创建外，还可直接按 F9 键，打开字幕编辑面板。

㊳ 在字幕 "04" 的基础上创建字幕 "05"，修改文字为 "孩子是民族的希望"，参数设置不变；分别拖动字幕 "04" 和字幕 "05" 到视频 3 轨和 4 轨，在开始处添加转场 "擦除"，方向为从上向下，如图 3-116 所示。

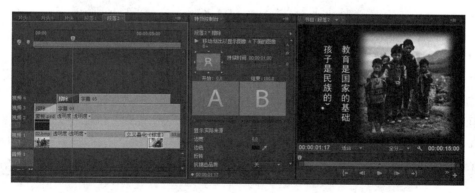

图 3-116　排列素材并添加转场 "擦除"

㊴ 新建时间线 "段落 3"，依次拖动图片素材 "09.jpg"、"15.jpg" 和 "02.bmp" 到视频 1 轨并无缝连接，中间添加转场 "交叉叠化"，给三张图片均添加视频特效 "高斯模糊"，设置模糊度为 30，模糊方向为水平和垂直，如图 3-117 所示。

㊵ 依次拖动图片素材 "11.jpg"、"14.jpg" 和 "08.jpg" 到视频 2 轨并无缝连接，中间添加转场 "交叉叠化"，给三张图片均添加视频滤镜 "羽化边缘"，设置数量值为 30，如图 3-118 所示。

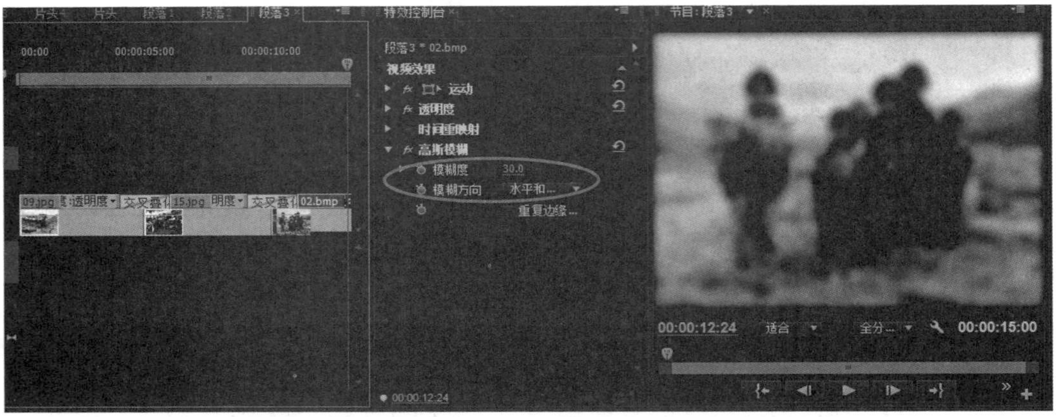

图 3-117　新建时间线“段落 3”并排列素材

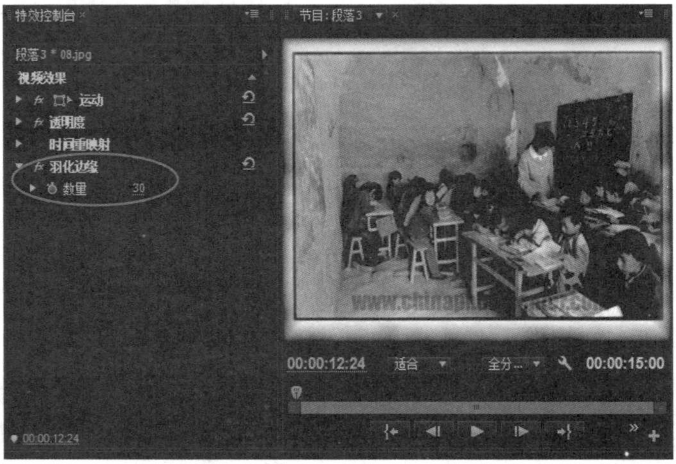

图 3-118　添加视频滤镜“羽化边缘”

㊶ 新建字幕“06”，输入文字“很多人为此付出了一生的努力”；新建字幕“07”，输入文字“但还需要更多的人伸出援助之手……”，具体参数见源文件；依次拖动两个字幕文件到视频 3 轨，添加转场“交叉溶解”，如图 3-119 所示。

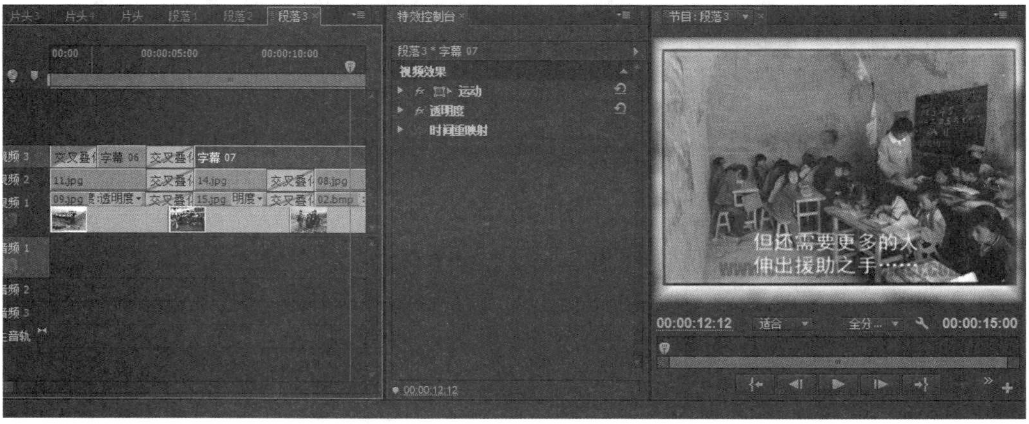

图 3-119　新建字幕“06”和“07”并添加转场

㊷ 新建时间线"片尾",拖动图片"片尾.psd"到视频 1 轨,在开始处添加视频转场"渐变擦除",以图片"蒙板.psd"作为倾斜图片,勾选"反转"复选框;完成片尾的制作,如图 3-120 所示。

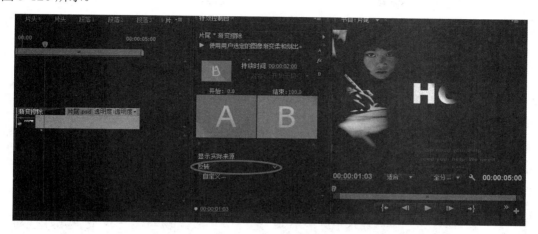

图 3-120　添加转场"渐变擦除"

㊸ 新建时间线"希望工程宣传片",依次拖入时间线"片头"、"段落 1"、"段落 2"、"段落 3"和"片尾"到视频 1 轨,给开头、中间和结尾添加转场"黑场过渡",完成全片的制作,如图 3-121 所示。

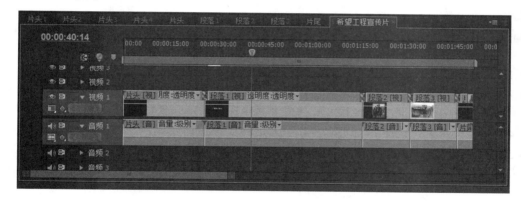

图 3-121　完成时间线"希望工程宣传片"的制作

总结与回顾

本章通过"希望工程宣传片"的制作,主要学习了 Photoshop 和 Premiere Pro CS6 的综合运用。通过本片的制作可以看出,在实际做片过程中,特效的使用是否繁多并不是作品是否优秀的关键,而要根据影片的风格和节奏,选择合适的特效,以表现出想要的效果。

课后习题

利用素材中《珍爱生命，远离艾滋》提供的素材，制作一部珍爱生命的公益宣传片。
参考画面：

3.4 动感风格——南京旅游纪录片

知识概述

（1）掌握使用 Premiere 的特效滤镜工具特效的方法和技巧。
（2）掌握使用 Premiere 的转场滤镜创建转场效果的方法和技巧。
（3）掌握使用 Premiere 的字幕工具创建静态字幕的方法和技巧。
（4）掌握使用 Premiere 的自定义参数的方法和技巧。
（5）能综合运用 Premiere 的各类操作技能完成影视片的制作。

任务描述

南京是六朝古都，文化圣地。为了向各方友人全面地介绍南京，吸引更多的人来南京旅游，以促进经济发展，扩大消费，这里我们要做一部图文并茂的旅游宣传片，将南京文化的精髓融入其中，达到宣传推广的效果。

创意构思

本片的基调为现代、时尚、快节奏，以满足当前人们的欣赏品味，所以通片的静帧持续 3 秒以内，转场持续 15 帧之内，以绚丽夺目的方式来表现。

任务实施

1. 准备素材

Photoshop 中准备好所有的图片素材，如图 3-122 所示。

（a）

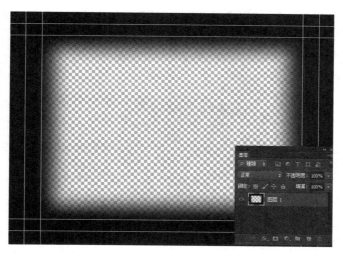

（b）

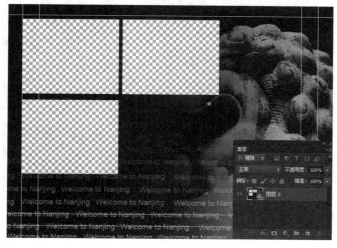

（c）

图 3-122 图片素材

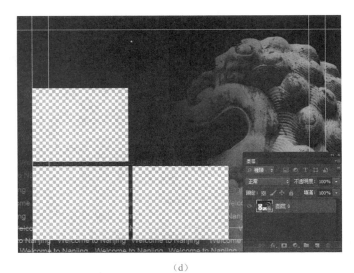

（d）

（e）

（f）

图 3-122　图片素材（续）

2. 编辑制作影片

① 打开 Premiere Pro CS6，在打开的界面中单击"新建项目"按钮。

② 输入文件保存的位置和文件名称，如图 3-123 所示。

③ 选择"编辑—首选项"命令，在打开的"首选项"窗口中的"常规"选项卡下，修改视频切换默认持续时间为 10 帧（0.4 秒），静帧图像默认持续时间为 15 帧（0.6 秒），如图 3-124 所示。

图 3-123　设置文件的保存位置和名称　图 3-124　自定义视频切换默认持续时间和静帧图像默认持续时间的值

④ 新建字幕"01"、"02"、"03"，设置字体为 SimHei，字体大小为 120，放置在画面中间，如图 3-125 所示。

图 3-125　新建字幕"01"、"02"、"03"

⑤ 新建时间线"快闪"，如图 3-126 所示在视频 1 轨依次排列图片和字幕，每张图片和字幕均持续 15 帧；拖动素材"蒙板.psd"到视频 2 轨。

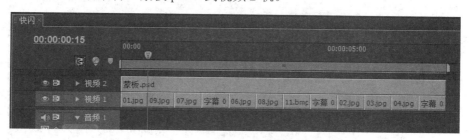

图 3-126　新建时间线"快闪"并排列素材

⑥ 选择图片"01.jpg"，为图片添加特效"高斯模糊"；在 00:00:00:00 处单击参数"缩放比例"、"透明度"、"模糊度"前的"关键帧触发"按钮，分别设置参数值为 300、0、50，如图 3-127 所示。

⑦ 在 00:00:00:03 处设置透明度为 100%，模糊度为 0，如图 3-128 所示。

⑧ 在 00:00:00:04 处设置缩放比例为 100%；为图片添加特效"亮度与对比度"，单击"关键帧触发"按钮，设置亮度和对比度均为 0，如图 3-129 所示。

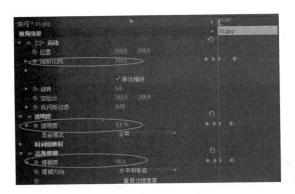

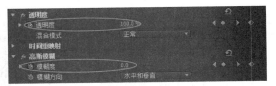

图 3-127　设置图片"01.jpg"的参数　　　　图 3-128　在 00:00:00:03 处设置参数的关键帧值

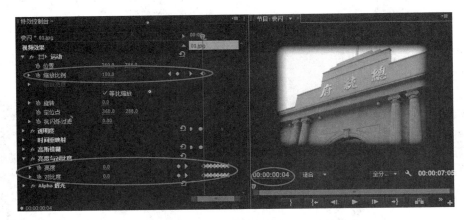

图 3-129　在 00:00:00:04 处设置参数的关键帧值

⑨ 在 00:00:00:05 处设置亮度为−90，对比度为−85，如图 3-130 所示。

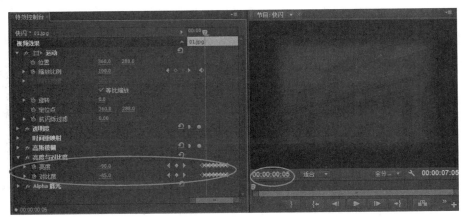

图 3-130　在 00:00:00:05 处设置参数的关键帧值

⑩ 复制特效"亮度与对比度"已设置的两个参数并粘贴在后，一共制作出八组关键帧；为图片添加特效"Alpha 辉光"，设置发光值为 74，亮度为 255，如图 3-131 所示。

⑪ 复制图片"01.jpg"的所有特效，并粘贴给其他所有图片和字幕，完成时间线"快闪"的制作，如图 3-132 所示。

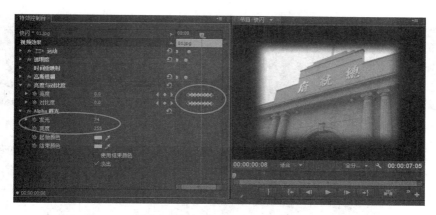

图 3-131　复制特效并粘贴

图 3-132　复制图片"01.jpg"的所有特效并粘贴

⑫　新建时间线"片头 1"，依次拖动图片素材"片头 1.psd"、"09.jpg"、"10.jpg"、"11.bmp"分别到视频 1 轨至 4 轨，持续时间分别为 3 秒、10 帧、15 帧和 12 帧，如图 3-133 所示。

图 3-133　新建时间线"片头 1"并排列素材

⑬　修改所有图片的缩放比例为 35%，设置图片"09.jpg"的位置为（120.8，116.2）；设置图片"10.jpg"的位置为（144.5，328.4）；设置图片"11.bmp"的位置为（360，123.8），如图 3-134 所示。

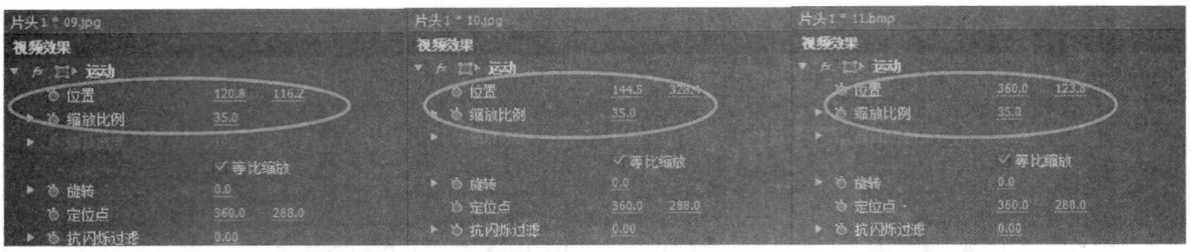

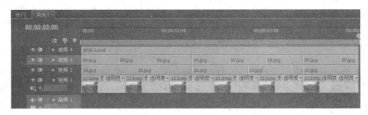

图 3-134　分别设置图片素材的位置和缩放比例

⑭ 复制图片"09.jpg"、"10.jpg"、"11.bmp"，使四层轨道的总持续时间均为 3 秒，如图 3-135 所示。

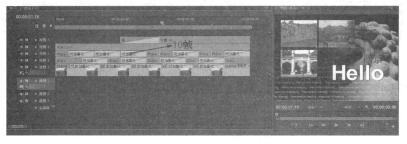

图 3-135　复制图片并排列素材

⑮ 为图片之间添加转场"附加叠化"，持续时间为 10 帧，如图 3-136 所示，注意添加的时候要部分错开。

图 3-136　添加转场"附加叠化"

⑯ 新建字幕"04"，输入文字"Hello"和"南京"，设置好字体和字体大小，其中"Hello"为白色，"南京"为红色，两个词语均添加黑色阴影，如图 3-137 所示。

图 3-137　新建字幕"04"

⑰ 拖动字幕"04"到视频 5 轨的 00:00:01:16 处，在开始处添加转场"推"，方向为从右，持续时间为 15 帧，完成时间线"片头 1"的制作，如图 3-138 所示。

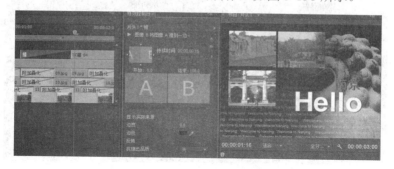

图 3-138　添加转场"推"

⑱ 利用时间线"片头 1"的副本制作出时间线"片头 2"，用图片素材"片头 2.psd"、"01.jpg"、"07.jpg"、"08.jpg"分别替换"片头 1.psd"、"09.jpg"、"10.jpg"、"11.bmp"，修改字幕"04"的位置为右上，完成时间线"片头 2"的制作，如图 3-139 所示。

图 3-139　利用副本完成时间线"片头 2"的制作

⑲ 利用时间线"片头 1"的副本制作出时间线"片头 3"，用图片素材"片头 3.psd"、"02.jpg"、"06.jpg"、"03.jpg"分别替换"片头 1.psd"、"09.jpg"、"10.jpg"、"11.bmp"，修改字幕"04"的位置为左下，完成时间线"片头 3"的制作，如图 3-140 所示。

图 3-140　利用副本完成时间线"片头 3"的制作

⑳ 双击打开时间线"片头 4"，把所有图层上移一层空出视频 1 轨，把所有图片素材拖动到视频 1 轨并依次排列，每张图片持续时间为 15 帧，总时间线持续时间为 5 秒，如

图 3-141 所示。

图 3-141　为时间线"片头 4"排列素材

🔊 提示 ┄┄

由于在导入 PSD 格式的图片"片头 4.psd"时选择的是序列（Sequence）导入，因此导入后会自动创建一个文件夹"片头 4"，在这个文件夹内包含所有图层和自动排列好上下顺序的时间线，可以直接打开使用。

┄┄

㉑ 在视频 1 轨的所有图片之间添加 10 帧的转场"附加叠化"；为视频 3 轨和视频 4 轨的文字层添加 1 秒 10 帧的转场"推动"，方向分别从左和从右，完成时间线"片头 4"的制作，如图 3-142 所示。

图 3-142　添加转场完成时间线"片头 4"

㉒ 新建时间线"片头"，依次拖入时间线"快闪"、"片头 1"、"片头 2"、"片头 3"、"片头 4"并无缝连接，给相接处添加转场"交叉缩放"，持续时间为 10 帧，完成片头的制作，如图 3-143 所示。

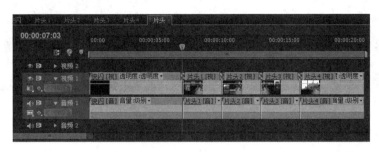

图 3-143　添加转场完成时间线"片头"

㉓ 新建时间线"视频剪辑",在 00:00:17:00 处用剃刀工具把视频断开,如图 3-144 所示。

图 3-144 在 00:00:17:00 处断开视频

㉔ 在 00:00:25:16 处用剃刀工具把视频断开,如图 3-145 所示。

图 3-145 在 00:00:25:16 处断开视频

㉕ 分别在 00:00:36:10 处、00:00:46:00 处、00:01:00:14 处和 00:01:08:21 处把素材断开,取出三段旅游胜地部分,如图 3-146 所示。

图 3-146 剪辑视频取出所需的段落

㉖ 新建时间线"片中",把在时间线"视频剪辑"中截取好的视频片段复制过来并无缝连接,放置在视频 1 轨,在连接处添加转场"交叉溶解";把视频 1 轨道的所有素材复制一份放置在视频 2 轨,拖动字幕"04"到视频 3 轨,修改位置到右下,如图 3-147 所示。

㉗ 修改视频 1 轨上的视频素材缩放比例为 250%,添加特效"色彩平衡",设置色相为-17,把视频调为金色的偏色;添加特效"高斯模糊",设置模糊度为 15,如图 3-148 所示。

数字影音编辑与合成（Premiere Pro CS6 + After Effects CS6）

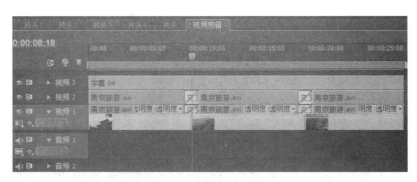

图 3-147　新建时间线"片中"并排列素材

图 3-148　为视频 1 轨上的素材添加特效并设置参数

　　㉘ 修改视频 2 轨上的视频素材缩放比例为 250%，添加特效"四点遮罩"，把视频四条边往里缩小一些，具体参数如图 3-149 所示添加特效"边缘羽化"，设置羽化数量为 30，如图 3-149所示。

　　㉙ 分别复制属性并粘贴，完成时间线"片中"的制作，如图 3-150 所示。

　　㉚ 新建时间线"图片组"，依次拖动图片素材"01.jpg"、"06.jpg"、"07.jpg"、"10.jpg"分别到视频 1 轨至视频 4 轨，设置图片的持续时间均为 15 帧，修改所有图片的缩放比例为20%，分布好图片的排列位置，如图 3-151 所示。

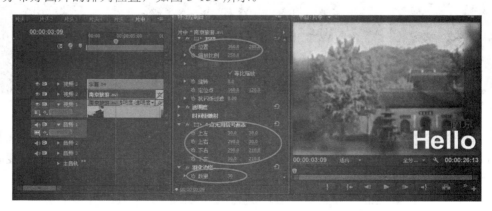

图 3-149　为视频 2 轨上的素材添加特效并设置参数

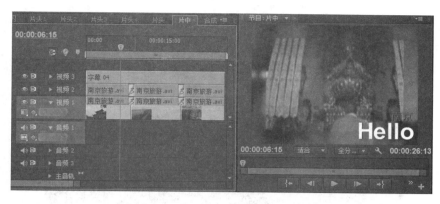

图 3-150 复制属性并粘贴给其他段视频

图 3-151 新建时间线"图片组"并排列素材

📢 提示 •

在分布图片位置时要注意，水平排列的图片位置参数的 Y 值应当保持不变，小图片之间的间隔应该一致。

㉛ 在各自的轨道复制图片并粘贴，使时间线的总持续时间为 5 秒；为图片相接处添加转场"附加叠化"，持续时间为 10 帧，注意适当错开不同轨道的转场时间，如图 3-152 所示。

图 3-152 为图片相接处添加转场"附加叠化"

数字影音编辑与合成（Premiere Pro CS6 + After Effects CS6）

㉜ 新建字幕"05"，利用矩形工具绘制长条，输入文字"魅力南京　精彩无限"，设置字体为 SimHei，字体大小为 30，填充白色，如图 3-153 所示。

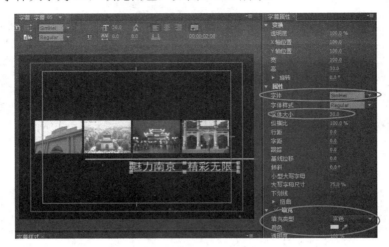

图 3-153　新建字幕"05"

㉝ 新建时间线"片尾"，拖动时间线"图片组"到视频 1 轨，拖动字幕"05"到视频 2 轨，在开始处均添加转场"推"，设置文字从右边进，图片组从左边进，持续时间均为 1 秒，完成片尾的制作，如图 3-154 所示。

图 3-154　新建时间线"片尾"并排列素材

㉞ 新建时间线"合成"，依次拖入时间线"片头"、"片中"和"片尾"并无缝连接，在相接处添加转场"淡黑"，完成整片的制作，如图 3-155 所示。

图 3-155　新建时间线"合成"并排列素材

总结与回顾

本章通过"南京旅游纪录片"的制作，主要学习了 Premiere Pro CS6 各种技能的综合运用。通过本片的制作可以看出，在实际做片过程中，特效和转场的运用要恰到好处，一部片子要保持统一的风格，只需要几种转场和特效即可。同时影片节奏的把握十分重要，快节奏的影片从单帧持续速度到转场时间都要恰当，否则会影响影片的表现力。

课后习题

利用本书素材中《古韵苏州》提供的素材，制作一部苏州的宣传片。

操作提示：与本文讲解的动感风格纪录片不同，苏州是一个婉约的城市，需着力表现出有中国韵味的古典、优雅、舒缓和灵动气息。

参考画面：

3.5 古典风格——中国文化遗产宣传片

知识概述

（1）掌握使用 Premiere 的特效滤镜工具制作特效的方法和技巧。
（2）掌握使用 Premiere 的转场滤镜创建转场效果的方法和技巧。
（3）掌握使用 Premiere 的字幕工具创建静态字幕的方法和技巧。
（4）掌握使用 Premiere 中自定义参数的方法和技巧。
（5）能综合运用 Premiere 的各类操作技能完成影视片的制作。

任务描述

中国是文明古国，在五千年的历史积淀下，中国有很多震惊世界的宝藏，这些宝藏是全中国人民的骄傲。我们要把这些宝藏发扬光大，让更多的人，特别是青年一代了解，所以今天我们要做一部宣扬中国文化遗产的宣传片。

创意构思

本片的基调为中国红，片中充分利用书简、书法、窗格等多种元素来烘托氛围，通过选择隶书、行楷等字体，表现出一种纯正的中国风。

任务实施

1．准备素材

在 Photoshop 中准备好所有的图片素材，如图 3-156 所示。

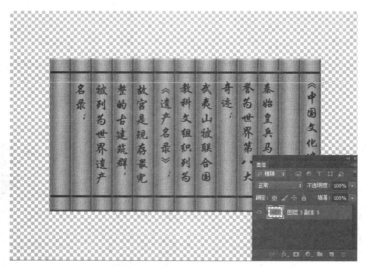

（a）

（b）

图 3-156　图片素材

（c）

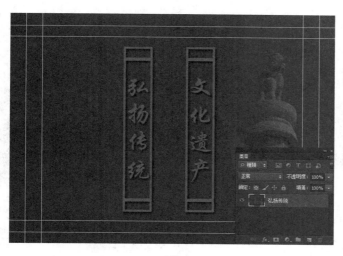

（d）

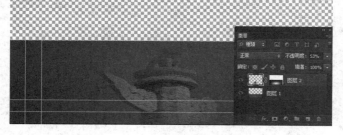

（e）

图 3-156　图片素材（续）

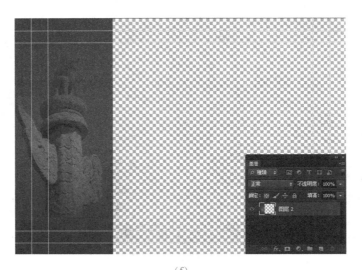

（f）

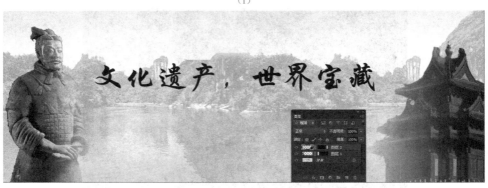

（g）

图 3-156　图片素材（续）

2．编辑制作影片

① 打开 Premiere Pro CS6，新建工程"古典风格——中国文化遗产宣传片"，设置好文件保存的位置和名称，导入所有素材；新建时间线"书简打开"，拖动图片"加字书简.psd"到视频 1 轨，在开始处添加转场"擦除"，方向为从右，持续时间为 3 秒，模拟出书简打开的效果，如图 3-157 所示。

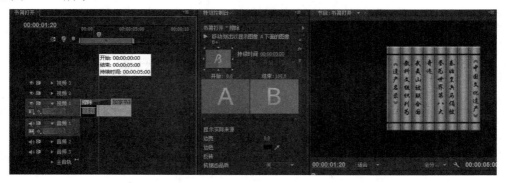

图 3-157　新建时间线"书简打开"并排列素材

② 双击打开时间线"长背景"，取消视频 2 轨和视频 3 轨的可视，在 00:00:01:05 处单击参数"位置"前的"关键帧触发"按钮，设置值为（730，288），如图 3-158 所示。

图 3-158　在 00:00:01:05 处设置位置的关键帧值

提示

在导入素材的时候，图片"长背景.psd"以合成形式导入，就会自动出现按照图层顺序分布好轨道顺序的合成。

③ 在 00:00:03:09 处设置位置为（-10，288），实现长背景从右到左滑动的效果，如图 3-159 所示。

图 3-159　在 00:00:03:09 处设置位置的关键帧值

④ 打开视频 2 轨的可视，在开始处添加转场"擦除"，方向为从左下角，持续时间为 1 秒 5 帧，实现画面擦除效果，如图 3-160 所示。

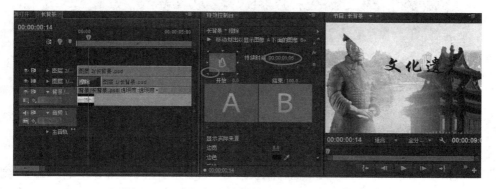

图 3-160　为视频 2 轨的素材添加转场"擦除"

⑤ 打开视频 3 轨的可视，在开始处添加转场"擦除"，方向为从右下角，持续时间为 1 秒 5 帧，实现画面擦除效果，如图 3-161 所示。

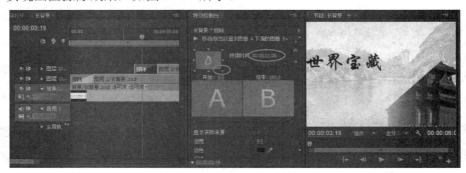

图 3-161　为视频 3 轨的素材添加转场"擦除"

⑥ 新建时间线"视频剪辑 1"，把三段视频素材拖入，分别取其中的两分钟，各段之间无缝连接，添加转场"交叉溶解"，持续时间为 20 帧，如图 3-162 所示。

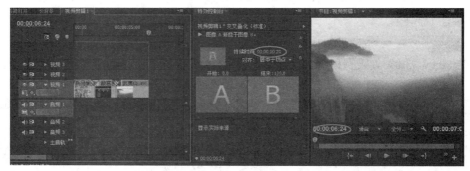

图 3-162　新建时间线"视频剪辑 1"并排列素材

⑦ 新建时间线"笔刷"，把时间线"视频剪辑 1"拖动到视频 1 轨，添加特效"查找边缘"，设置参数"与原始图像"为 50%；添加特效"快速色彩校正"，指针拖动到黄色区域，把视频调色到暗黄，如图 3-163 所示。

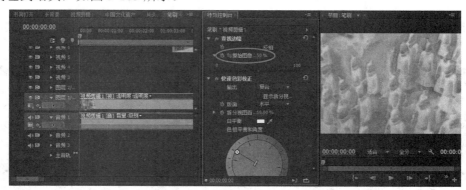

图 3-163　为视频添加特效并设置参数

⑧ 再次把时间线"视频剪辑 1"拖动到视频 2 轨，拖动图片"图层 1/笔刷.psd"到视频 4 轨，添加特效"轨道遮罩键"到视频 2 轨的"视频剪辑 1"上，设置遮罩为视频 4，如图 3-164 所示。

图 3-164　为视频制作遮罩效果

导入图片"笔刷.psd"时，以图层形式导入，可以分层导入。

⑨ 再次把时间线"视频剪辑 1"拖动到视频 3 轨，拖动图片"图层 2/笔刷.psd"到视频 5 轨，添加特效"轨道遮罩键"到视频 3 轨的"视频剪辑 1"上，设置遮罩（Matte）为视频 5，如图 3-165 所示。

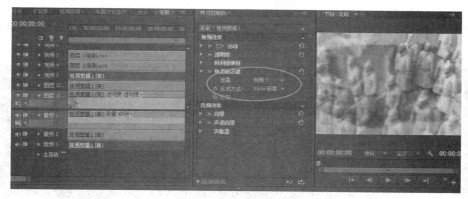

图 3-165　为视频添加遮罩效果

⑩ 为视频 2 轨和视频 3 轨的素材添加转场"擦除"，方向分别为从左和从右，持续时间为 1 秒 5 帧，实现笔刷擦除效果，如图 3-166 所示。

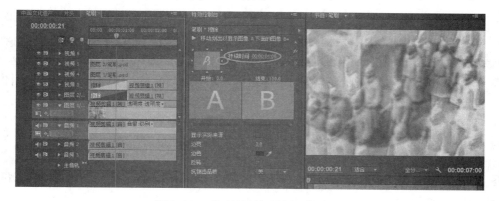

图 3-166　为素材添加转场"擦除"

⑪ 新建字幕 "01"，用竖排文字工具输入文字 "中国文化遗产"，设置字体为 ST Xingkai，字体大小为 52，字距为 17.4，用白色（R255 G255 B255）填充，用红色（R255 G0 B0）描边，描边类型为凸出，大小为 25，如图 3-167 所示。

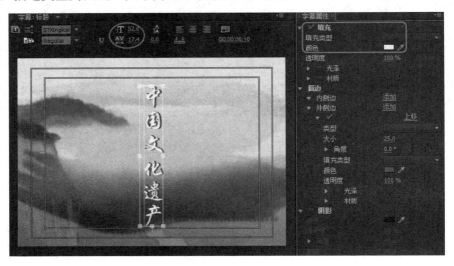

图 3-167　新建字幕 "01"

⑫ 在 00:00:03:16 处拖入字幕 "01"，在开始处添加转场 "擦除"，方向分别为从上，持续时间为 1 秒 5 帧，实现文字擦除效果，如图 3-168 所示。

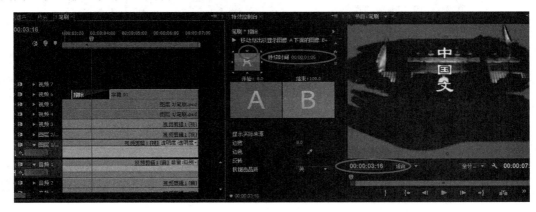

图 3-168　为字幕添加转场 "擦除"

⑬ 新建字幕 "印章"，用竖排文字工具输入文字 "文化遗产"，设置字体为 ST Xingkai，字体大小为 122，字距为 56.4，用红色（R255 G0 B0）填充，添加投影，设置透明度为 50%，角度为 0，距离为 10；用矩形工具绘制矩形边框，用红色（R255 G0 B0）描边，如图 3-169 所示。

⑭ 在 00:00:04:05 处拖入字幕 "印章"，单击参数 "位置" 前的 "关键帧触发" 按钮，设置值为（-400，400）；单击参数 "缩放比例" 前的 "关键帧触发" 按钮，设置其值为 200，让印章从画面外进入，如图 3-170 所示。

⑮ 在 00:00:05:05 处设置位置为（500，400）；缩放比例为 40%，让印章盖印在文字右下，如图 3-171 所示。

图 3-169　新建字幕"印章"

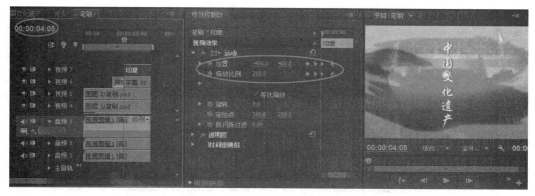

图 3-170　在 00:00:04:05 处设置字幕的位置和缩放比例

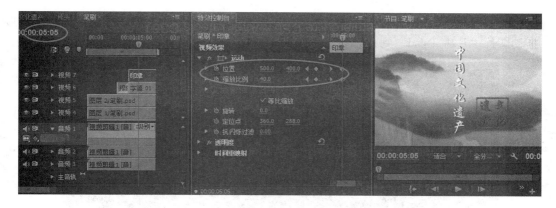

图 3-171　在 00:00:05:05 处设置字幕的位置和缩放比例

⑯ 新建时间线"片头定格",拖动图片"片头.psd"到视频 1 轨,复制时间线"笔刷"中的"印章"到视频 2 轨,如图 3-172 所示。

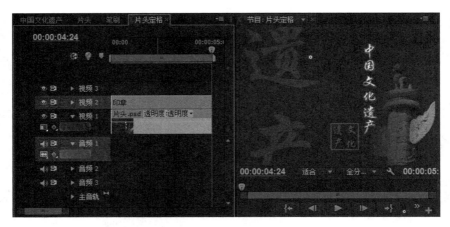

图 3-172　新建时间线"片头定格"并排列素材

⑰ 新建时间线"片头"，依次拖动时间线"书简打开"、"长背景"、"笔刷"和"片头定格"到视频 1 轨并无缝连接，之间添加转场"交叉叠化"，持续时间为 1 秒 5 帧，完成片头的制作，如图 3-173 所示。

图 3-173　新建时间线"片头"并排列素材

⑱ 新建时间线"片中 1"，拖动视频素材"兵马俑.avi"到视频 1 轨，截取其中的 20 秒画面；拖动图片"片中 1.psd"到视频 2 轨，如图 3-174 所示。

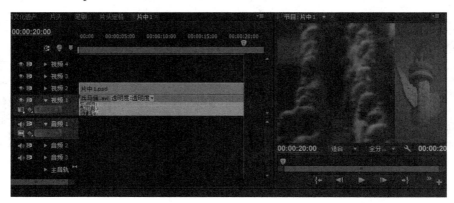

图 3-174　新建时间线"片中 1"并排列素材

⑲ 新建字幕"兵马俑介绍",选取文本素材中关于兵马俑的介绍部分,以竖排文字形式粘贴,设置字体为 ST Xingkai,字体大小为 30,字距为 10.3,行距为 7,用白色(R255 G255 B255)填充,添加投影,设置透明度为 76%,角度为 0,距离为 3,如图 3-175 所示。

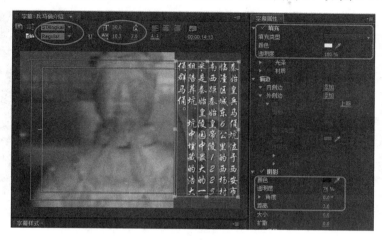

图 3-175　创建字幕"兵马俑介绍"

⑳ 在 00:00:04:06 处拖入字幕"兵马俑介绍"到视频 3 轨,在字幕前添加转场"擦除";拖动图片"门 1.psd"到视频 4 轨的结束处,添加转场"门",设置方向为从左右,持续时间为两秒,模拟出开门的效果,如图 3-176 所示。

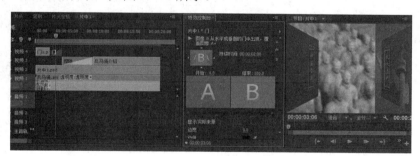

图 3-176　拖动字幕到时间线并添加转场

㉑ 新建时间线"片中 2",拖动视频素材"武夷山.avi"到视频 1 轨,截取其中的 20 秒画面;拖动图片"片中 2.psd"到视频 2 轨,新建字幕"武夷山介绍"拖动到视频 3 轨,在开始添加处转场"擦除",如图 3-177 所示。

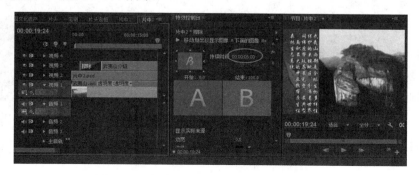

图 3-177　新建时间线"片中 2"并排列素材

㉒ 新建时间线"片中 3"，拖动视频素材"故宫.m2v"到视频 1 轨，截取其中的 20 秒画面；拖动图片"片中 3.psd"到视频 2 轨，新建字幕"故宫介绍"拖动到视频 3 轨，在开始处添加转场"擦除"，如图 3-178 所示。

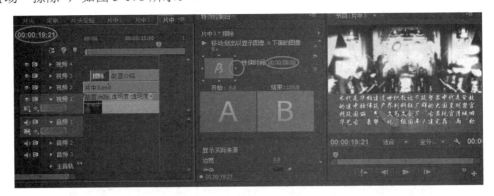

图 3-178　新建时间线"片中 3"并排列素材

㉓ 新建时间线"片中"，依次拖动时间线"片中 1"、"片中 2"、"片中 3"到视频 1 轨并无缝连接，中间添加转场"交叉叠化"，持续时间为 1 秒 5 帧，如图 3-179 所示。

图 3-179　新建时间线"片中"并排列素材

㉔ 在 00:00:57:16 处拖入图片"门 2.psd"到视频 2 轨，在开始处添加转场"门"，设置方向为从左右，持续时间为两秒 5 帧，模拟出关门的效果，如图 3-180 所示。

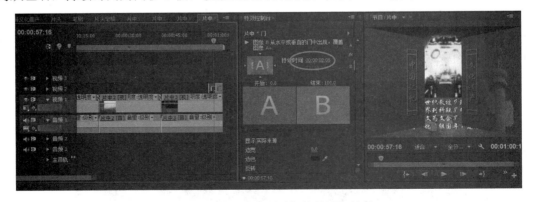

图 3-180　拖动字幕到时间线并添加转场

㉕ 新建时间线"片尾"，新建白板，拖动到视频 1 轨，拖动素材图片"6.jpg"到视频 2 轨，修改透明度为 20%，如图 3-181 所示。

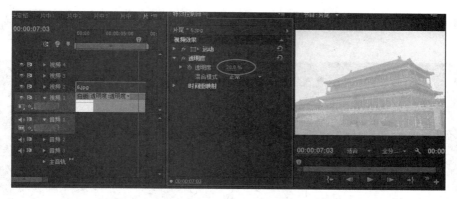

图 3-181 新建时间线"片尾"并排列素材

提示

白板可以通过"文件—新建—色板"命令来选择白色实现。

㉖ 拖动图片"加字书简.psd"到视频 3 轨，在开始处添加转场"擦除"，方向为从右，持续时间为 5 秒，完成片尾的制作，如图 3-182 所示。

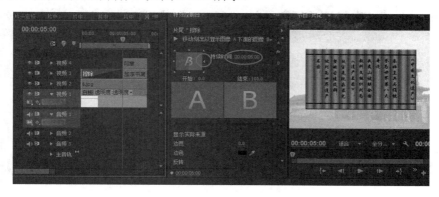

图 3-182 拖动素材到时间线并添加转场

㉗ 新建时间线"中国文化遗产"，依次拖动时间线"片头"、"片中"、"片尾"到视频 1 轨并无缝连接，中间添加转场"黑场过渡"，持续时间为两秒，如图 3-183 所示。

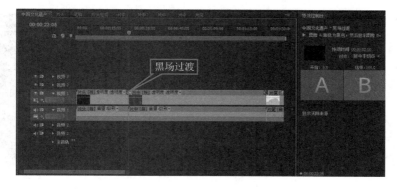

图 3-183 新建时间线"中国文化遗产"并排列素材

㉘ 拖动图片"花纹.psd"到视频 2 轨为全片增加点缀，完成影片的制作，如图 3-184 所示。

图 3-184　完成影片的制作

总结与回顾

　　本章通过对"中国文化遗产宣传片"的制作，主要学习了 Premiere Pro CS6 各种技能的综合运用。通过本片的制作可以看出，对于纯中国风的影片，要充分利用书简、书法、窗格等元素来烘托氛围，字体的选择也要符合中国特色，如隶书、行楷等。

课后习题

利用素材中《水墨画展》提供的素材，制作一部水墨画展宣传片。
参考画面：

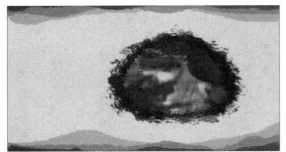 

第4章

小提琴独奏——After Effects CS6 影音编辑

4.1 通用会议纪录片头

（1）掌握使用 After Effects 遮罩工具的使用方法和技巧。
（2）掌握使用 After Effects 钢笔工具的使用方法和技巧。
（3）掌握使用 After Effects "3D Stroke" 特效的使用方法和技巧。
（4）掌握使用 After Effects "Starglow" 特效的使用方法和技巧。
（5）掌握使用 After Effects "辉光" 特效的使用方法和技巧。
（6）掌握使用 After Effects "边角固定" 特效的使用方法和技巧。
（7）掌握使用 After Effects "基本 3D" 特效的使用方法和技巧。
（8）能综合运用 After Effects 的各类操作技能完成影视片头的制作。

任务描述

　　学校经常会举行各种各样的活动，每次这些活动都要留影音资料。不少活动的类型都差不多，如果每次都重新做片头，那么就太麻烦和浪费时间了。今天我们要设计一个通用性质的会议纪录片头，这样以后只需要替换照片，就可以快速完成。

◎ 创意构思

本片的主色调以橙色为主，橙色体现出积极向上的情绪，符合学校教书育人的大环境。在片中穿插以立体感的图片，既能够展示部分会议内容的精髓，又满足会议记录类影片常用的风格。

片中通过模拟灯光闪耀的剧场模式，烘托出一种隆重和正式的气氛，容易得到客户的认可和接受。

◎ 任务实施

① 打开 After Effects CS6，新建工程"图片 1"，设置预置为 PAL D1/DV 格式，持续时间为 20 秒，如图 4-1 所示；新建"黑色固态层 1"，尺寸同工程文件，如图 4-2 所示。

图 4-1　新建工程"图片 1"　　　　　　　　图 4-2　新建黑色固态层

② 选择矩形遮罩工具，在固态层上绘制矩形，如图 4-3 所示

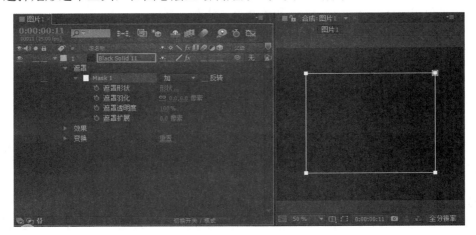

图 4-3　为固态层添加矩形遮罩

③ 为固态层添加特效"3D Stroke"，设置颜色为白色，厚度为 14.1；再添加一个特效"斜面 Alpha"，设置边缘厚度为 24.3，照明色为白色，制作出立体边框效果，如图 4-4 所示。

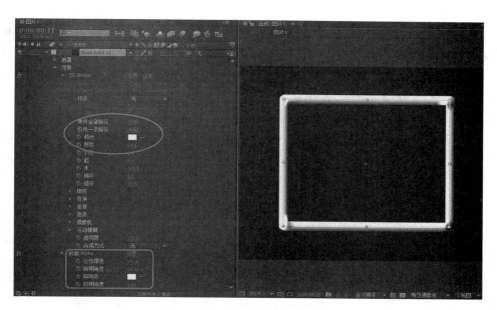

图 4-4　为固态层添加特效并设置参数

④ 拖动素材图片"01.jpg"到固态层上方，修改定位点为（250，187.5），使图片和边框妥帖地结合在一起，如图 4-5 所示。

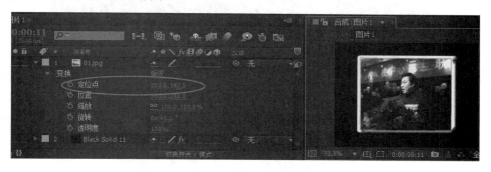

图 4-5　修改素材图片"01.jpg"的位置

⑤ 利用工程"图片 1"制作出工程副本，修改名称为"图片 2"，用项目素材库中的图片"02.jpg"来替换工程"图片 2"中的图片"01.jpg"，从而快速地完成工程"图片 2"的制作，如图 4-6 所示；用同样的方式制作出工程"图片 3"，用素材图片"03.jpg"进行替换，如图 4-7 所示。

图 4-6　工程"图片 2"的效果　　　　　图 4-7　工程"图片 3"的效果

⑥ 用同样的方式制作出工程"图片 4"，用素材图片"04.jpg"替换，如图 4-8 所示；用同样的方式制作出工程"图片 5"，用素材图片"05.jpg"替换，如图 4-9 所示。

图 4-8　工程"图片 4"的效果　　　　　　图 4-9　工程"图片 5"的效果

⑦ 新建工程"背景字"，设置预置为 PAL D1/DV 格式，持续时间为 20 秒；使用文字输入工具输入文字"金陵职业教育中心"，设置字体为 SimHei，字体大小为 100，字距为-75，填充色为无，描边色为白色（R255 G255 B255），设置位置为（11，132），如图 4-10 所示。

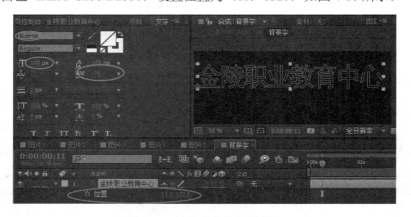

图 4-10　输入文字并设置属性

⑧ 新建工程"网络"，设置宽度为 4000 像素，高度为 3200 像素，持续时间为 20 秒，如图 4-11 所示。

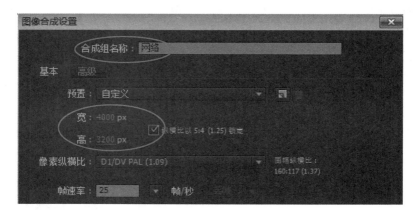

图 4-11　新建工程"网络"并设置属性

⑨ 新建固态层与工程相同尺寸，添加特效"网络"，设置大小来自为宽度和高度，宽和高的值均为 100，边缘为 5，颜色为白色（R255 G255 B255），制作出网格效果，如图 4-12 所示。

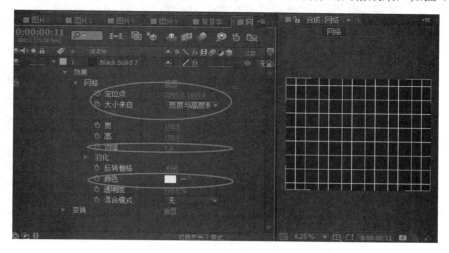

图 4-12　设置特效"网络"的参数值

⑩ 把工程"背景字"拖动到工程"网络"中，复制出 24 层"背景字"副本，排列到适当的位置，具体见源文件，如图 4-13 所示。

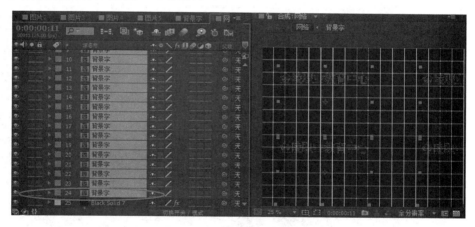

图 4-13　复制层并排列位置

⑪ 新建工程"聚光灯"，设置宽度为 1440 像素，高度为 1152 像素，持续时间为 20 秒，如图 4-14 所示。

⑫ 新建固态层与工程文件同尺寸，用钢笔工具绘制一条垂直的直线，添加特效"3D Stroke"，设置颜色为白色，厚度为 6，设置"高级（Advanced）"选项下的参数"调整步幅"为 3000，制作出圆点效果，如图 4-15 所示。

图 4-14　新建工程"聚光灯"并设置属性

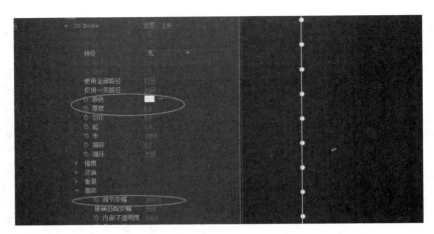

图 4-15　设置特效"3D Stroke"的参数值

⑬ 复制多个固态层，在水平线上排列成列，列间距为 28，模拟出聚光灯的效果，如图 4-16 所示。

⑭ 新建工程"学校名称"，设置预置为 PAL D1/DV 格式，持续时间为 20 秒，如图 4-17 所示。

⑮ 新建固态层与工程同尺寸，添加特效"基本文字"，添加文字"金陵职业教育中心"，设置显示方式为仅描边，边色为白色（R255 B255 G255），边宽为 1，大小为 78，如图 4-18 所示。

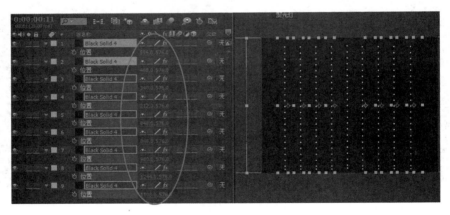

图 4-16　复制层并排列位置

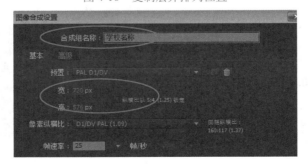

图 4-17　新建工程"学校名称"并设置属性

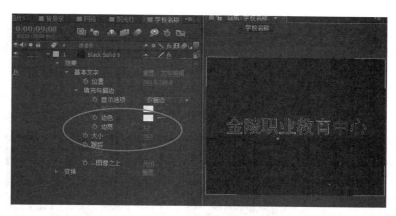

图 4-18 设置特效"基本文字"的参数值

🔊 提示

这里的文字也可以直接用文本输入工具实现。

⑯ 为固态层添加特效"Starglow",设置光线长度为 8,提升亮度为 3,设置"颜色贴图 A"选项下的参数"预置"为三色渐变,三色分别为白色(R255 B255 G255)、草绿(R166 G255 B0)和深绿(R96 G255 B0),为文字添加"Starglow"特效,如图 4-19 所示。

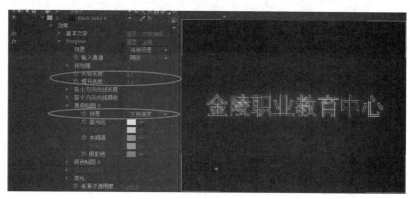

图 4-19 设置特效"Starglow"的参数值

⑰ 新建工程"学校名称描边",设置预置为 PAL D1/DV 格式,持续时间为 20 秒;把工程"学校名称"中的固态层复制过来作为参照,隐藏参照层的"Starglow"特效,新建固态层与工程同尺寸,取消固态层可视,如图 4-20 所示。

图 4-20 新建工程"学校名称描边"并排列素材

提示

之所以要隐藏参照层的"Starglow"特效，是为了还原清晰的文字，方便下面的描边特效制作。

⑱ 用钢笔工具在固态层上沿参照层文字笔画绘制出路径，每个文字绘制一小段，如图 4-21 所示。

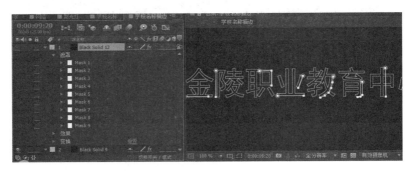

图 4-21　用钢笔工具绘制笔画路径

⑲ 为固态层添加特效"3D Stroke"，设置颜色为白色，厚度为2；在 0:00:00:00 处单击参数"末"前的"关键帧触发"按钮，设置值为0，如图 4-22 所示。

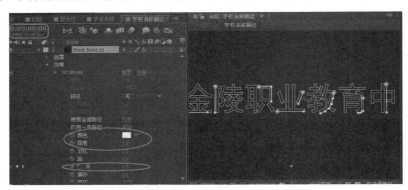

图 4-22　在 0:00:00:00 处设置特效"3D Stroke"的参数值

⑳ 在 0:00:02:01 处单击参数"末"前的"关键帧触发"按钮，设置值为 100，如图 4-23 所示。

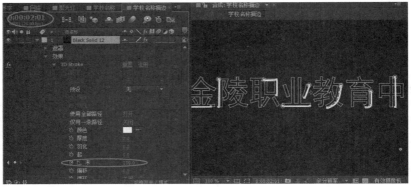

图 4-23　在 0:00:02:01 处设置特效"3D Stroke"的参数值

㉑ 为固态层添加特效"辉光"，参数设置如图 4-24 所示。

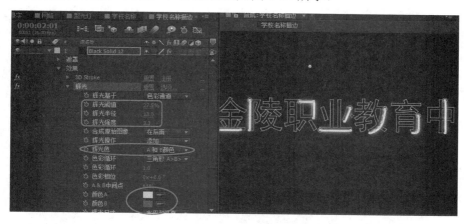

图 4-24　设置特效"辉光"的参数值

㉒ 新建工程"活动名称"，设置预置为 PAL D1/DV 格式，持续时间为 20 秒；新建固态层与工程同尺寸，添加特效"基本文字"，输入文字"信息技能展示大赛"，设置字体为 SimHei，字体大小为 80，颜色为白色（R255 B255 G255），如图 4-25 所示。

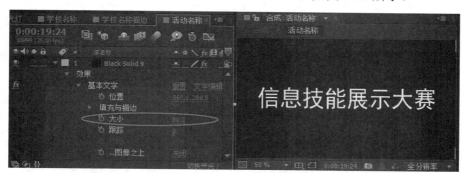

图 4-25　新建固态层并添加特效"基本文字"

㉓ 为文字添加特效"辉光"，参数设置如图 4-26 所示。

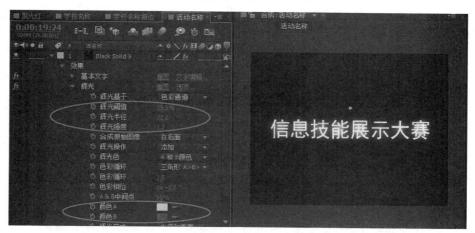

图 4-26　添加特效"辉光"并设置参数

㉔ 新建工程"合成"，设置预置为 PAL D1/DV 格式，持续时间为 20 秒；新建固态层与工程同尺寸，添加特效"渐变"，设置参数"渐变开始"为（360，0），开始色为黑色（R0 G0 B0），设置参数"渐变结束"为（360，576），结束色为橙色（R190 G125 B0），如图 4-27 所示。

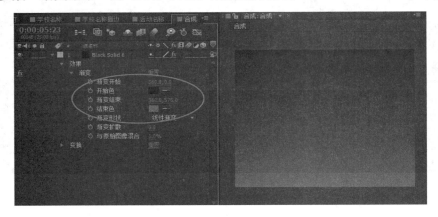

图 4-27　设置特效"渐变"的参数值

㉕ 拖动工程"聚光灯"到工程"合成"，打开工程"聚光灯"的 3D 开关，设置位置为（267.5，214.7，104），方向为（78.2°，5°，331.3°），如图 4-28 所示。

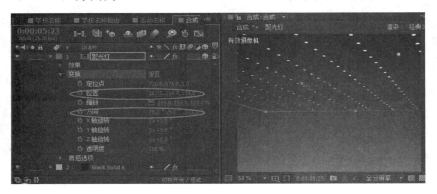

图 4-28　设置工程"聚光灯"的参数值

㉖ 为工程"聚光灯"添加特效"Starglow"，设置输入通道为明亮，光线长度为 10，提升亮度为 1.3，其他参数保持默认设置，如图 4-29 所示。

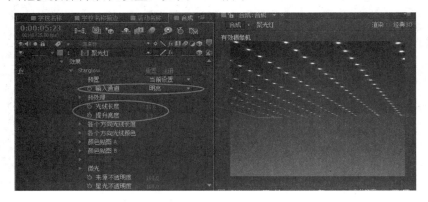

图 4-29　设置特效"Starglow"的参数值

㉗ 新建固态层同工程尺寸，添加特效"渐变"，设置渐变开始位置为（360，0）；开始色为白色（R255 G255 B255），渐变结束为（362，288），结束色为黑色（R0 G0 B0），如图 4-30 所示。

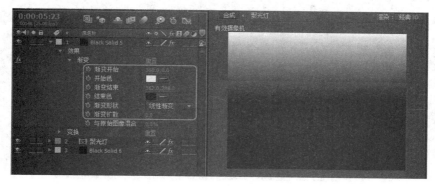

图 4-30　设置特效"渐变"的参数值

㉘ 设置工程"聚光灯"的遮罩模式为"亮度蒙板'Black Solid5'"，制作出聚光灯从近到远的效果，如图 4-31 所示。

图 4-31　设置工程"聚光灯"的遮罩模式

㉙ 拖动工程"图片 1"到工程"合成"，添加特效"边角固定"，参数设置如图 4-32 所示。

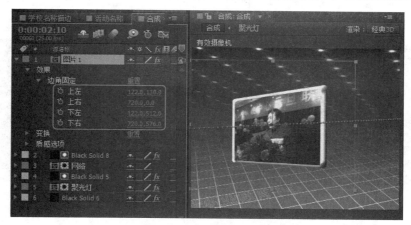

图 4-32　设置特效"边角固定"的参数值

㉚ 在 0:00:00:00 处单击参数"位置"前的"关键帧触发"按钮，设置值为（1066.2，225，

524）；单击参数"缩放"前的"关键帧触发"按钮，设置值均为 60%，如图 4-33 所示。

图 4-33　在 0:00:00:00 处设置位置和缩放比例的参数值

㉛ 在 0:00:04:00 处设置位置的值为（-251.8，311，-256），缩放比例均为 100%，如图 4-34 所示。

图 4-34　在 0:00:04:00 处设置位置和缩放比例的参数值

㉜ 把工程"图片 2"、"图片 3"、"图片 4"、"图片 5"依次拖入工程"合成"，依次间隔 1 秒 15 帧，复制工程"图片 1"的所有属性给工程"图片 2"～"图片 5"，如图 4-35 所示。

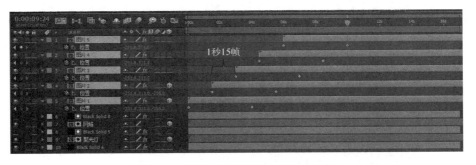

图 4-35　新建工程"合成"并排列素材

㉝ 在 0:00:09:01 处拖入工程"学校名称"，单击参数"位置"前的"关键帧触发"按钮，设置值为（458，288，574）；单击参数"缩放"前的"关键帧触发"按钮，设置值均为 100%；单击参数"方向"前的"关键帧触发"按钮，设置值为（90°，0°，0°）；单击参数"透明

度"前的"关键帧触发"按钮，设置值为 100%，如图 4-36 所示。

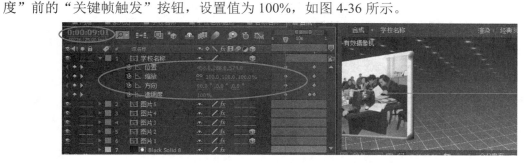

图 4-36　在 0:00:09:01 处设置位置、缩放比例、方向、透明度的参数值

㉞ 在 0:00:10:18 处设置透明度为 100%，如图 4-37 所示。

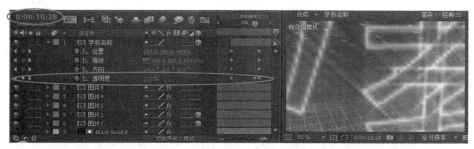

图 4-37　在 0:00:10:18 处设置透明度的参数值

㉟ 在 0:00:11:01 处设置位置的值为（250，286.1，−614.6）；"缩放比例"为 1000%；方向为（0°，0°，0°）；透明度的值为 0，如图 4-38 所示。

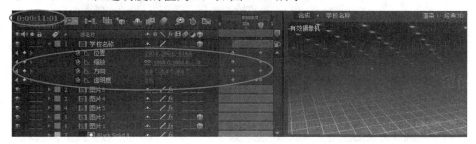

图 4-38　在 0:00:11:01 处设置位置、缩放比例、方向、透明度的参数值

㊱ 在 0:00:11:01 处再次拖入工程"学校名称"，单击参数"位置"前的"关键帧触发"按钮，设置为（360，240，−1148），如图 4-39 所示。

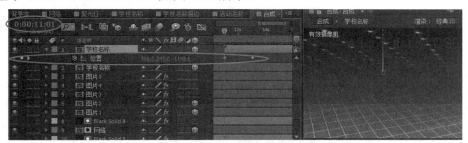

图 4-39　在 0:00:11:01 处设置位置的参数值

㊲ 在 0:00:13:01 处设置位置为（360，240，0），如图 4-40 所示。

图 4-40　在 0:00:13:01 处设置位置的参数值

㊳ 在 0:00:13:00 处拖入工程"活动名称"，添加特效"基本 3D"，单击参数"倾斜"前的"关键帧触发"按钮，设置值为-90°；设置位置的值为（360，370），如图 4-41 所示。

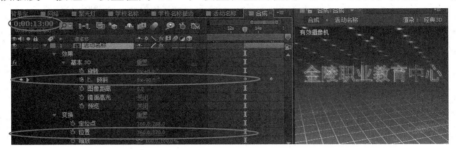

图 4-41　在 0:00:13:00 处设置特效"基本 3D"的参数值

㊴ 在 0:00:14:23 处设置倾斜值为 0，如图 4-42 所示。

图 4-42　在 0:00:14:23 处设置倾斜值

㊵ 在 0:00:13:00 处拖入工程"学校名称描边"，设置位置为（360，240），完成影片的制作，如图 4-43 所示。

图 4-43　设置工程"学校名称描边"的位置参数值

总结与回顾 ....

　　本章通过"通用会议纪录片头"的制作，主要学习了 After Effects CS6 的综合运用。通过本片的制作可以看出，会议记录类型的片头，通常用照片组合的形式来呈现，这样做的好处是便于以后替换照片，提高实际工作中的效率。

课后习题 ....

　　利用素材中《"灵动"社团成立大会》提供的素材，制作一部社团成立影音记录的片头。参考画面：

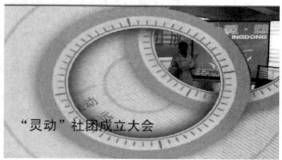

4.2　艺术活动纪录片头

知识概述

（1）掌握使用 After Effects 遮罩工具的使用方法和技巧。
（2）掌握使用 After Effects 钢笔工具的使用方法和技巧。
（3）掌握使用 After Effects 调色特效的使用方法和技巧。
（4）掌握使用 After Effects "渐变"特效的使用方法和技巧。
（5）掌握使用 After Effects 画面偏移特效的使用方法和技巧。
（6）能综合运用 After Effects 的各类操作技能完成影视片头的制作。

任务描述

　　学校举行了一场钢琴音乐会，现在要给这场音乐会安排全程拍摄和制作。好的影片一定要有一个好的片头，所以现在我们要为这场音乐会设计一个贴合的片头。

创意构思

本片的主色调以蓝色为主，忧郁的蓝色是音乐永恒的颜色。由于是广义的音乐会，所以这里通篇以音符贯穿。音乐会标题以波纹荡漾的形式出现，就好像钢琴的键盘在跳跃。

本片从全黑画面中出现一个蓝色的音符开始，将观众的注意力紧紧锁住，再以黄色的音符串接，展示出飘动的影片标题。

任务实施

① 打开 After Effects CS6，新建工程"音符"，设置预置为 PAL D1/DV 格式，持续时间为 17 秒，如图 4-44 所示；新建固态层"音符"，尺寸同工程尺寸，如图 4-45 所示。

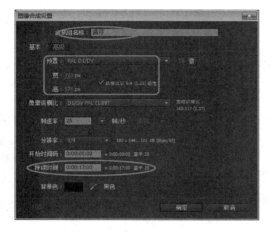

图 4-44　新建工程"音符"　　　　　　　　图 4-45　新建固态层"音符"

② 使用钢笔工具在固态层"音符"上绘制音符形状遮罩，遮罩羽化值为 14，如图 4-46 所示。

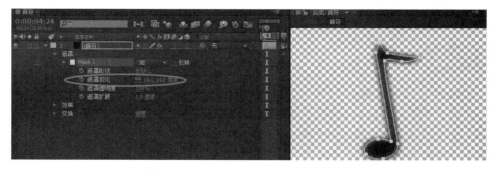

图 4-46　用钢笔工具绘制音符形状路径

🔊 提示

绘制音符时，可以在固态层下方放置一张有音符的图片，然后隐藏固态层，在层上作画。

③ 为固态层添加特效"渐变"，设置开始色为橙色（R255 G180 B0），结束色为黄色（R252 G255 B0），渐变形状为线性渐变，如图 4-47 所示。

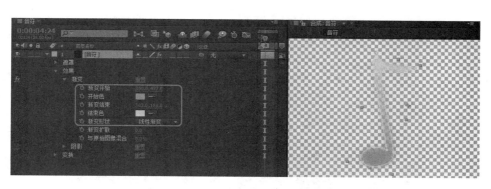

图 4-47 为固态层添加特效"渐变"并设置参数

④ 为固态层添加特效"阴影"，设置阴影色为黑色，方向为 135°，距离为 5，如图 4-48 所示。

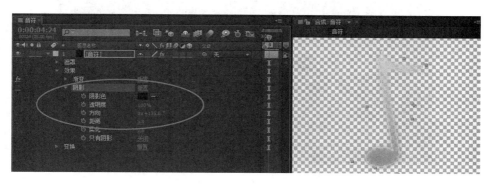

图 4-48 为固态层添加特效"阴影"并设置参数

⑤ 新建工程"标题"，设置预置为 PAL D1/DV 格式，持续时间为 17 秒；用文字工具输入三层文字层"音乐"、"之"、"声"，如图 4-49 所示。

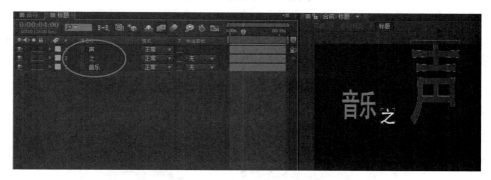

图 4-49 新建工程"标题"并排列素材

⑥ 设置字符"音乐"的字体为方正姚体，字体大小为 86，字距为-75，添加特效"阴影"，设置阴影色为黑色，方向为 135°，距离为 5，如图 4-50 所示。

⑦ 设置字符"之"的字体为 ST Xingwei，字体大小为 72，字距为-75，添加特效"阴影"，设置阴影色为黑色，方向为 135°，距离为 5，如图 4-51 所示。

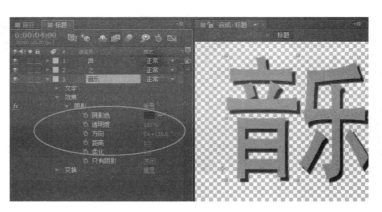

图 4-50　创建字符"音乐"并添加特效

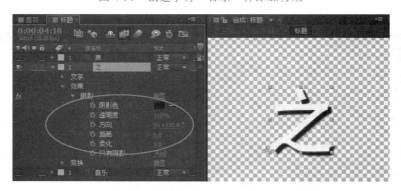

图 4-51　创建字符"之"并添加特效

（◁）提示

字符"之"的投影效果可以直接复制字符"音乐"的效果，以提高做片效率。

⑧ 设置字符"声"的字体为 ST Lishu，字体大小为 380，字距为-75，添加特效"阴影"，设置阴影色为黑色，方向为 135°，距离为 5，如图 4-52 所示。

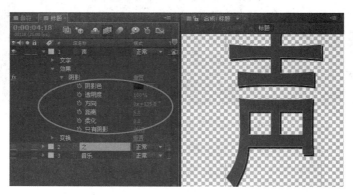

图 4-52　创建字符"声"并添加特效

⑨ 新建工程"运动标题"，设置预置为 PAL D1/DV 格式，持续时间为 17 秒；拖动视频素材"EW_Text_FX.mov"到时间线轨道，修改缩放比例为（238.7%，240%）；拖动工程"标

题"到时间线轨道，如图 4-53 所示。

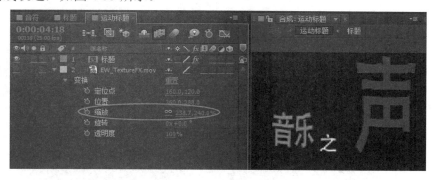

图 4-53 新建工程"运动标题"并排列素材

⑩ 为工程"标题"添加特效"置换映射"，设置映射图层为视频文件 EW_TextureFX.mov，其余参数如图 4-54 所示。

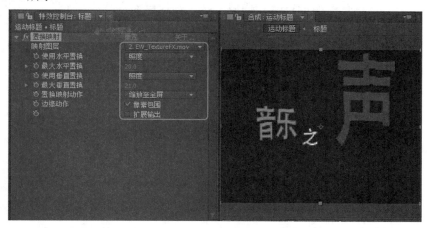

图 4-54 设置特效"置换映射"的参数

⑪ 新建工程"完成"，设置预置为 PAL D1/DV 格式，持续时间为 17 秒，如图 4-55 所示；新建固态层"大音符"，设置与工程文件相同的尺寸，如图 4-56 所示。

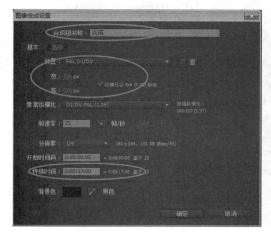

图 4-55 新建工程"完成"   图 4-56 新建固态层"大音符"

⑫ 使用钢笔工具在固态层"音符"上绘制大音符形状遮罩，如图 4-57 所示。

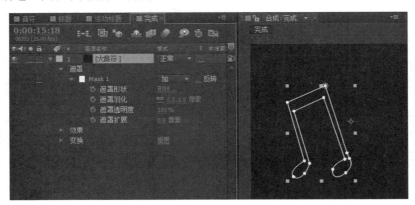

图 4-57　绘制大音符形状遮罩

⑬ 为固态层"大音符"添加特效"描边"、"高斯模糊"和"填充"，如图 4-58 所示。

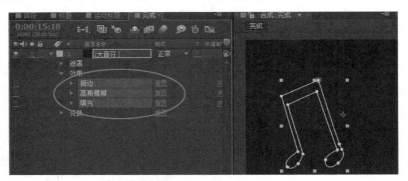

图 4-58　为固态层添加特效"描边"、"高斯模糊"和"填充"

⑭ 设置描边路径为 Mask1，即音符的路径，颜色为蓝色（R0 G0 B255），画笔大小为 5，绘制风格为在透明通道上，如图 4-59 所示。

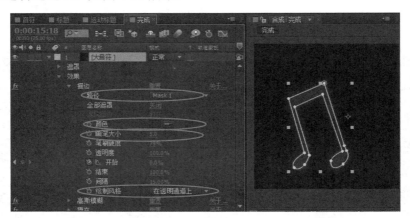

图 4-59　设置特效"描边"的参数

⑮ 在 0 秒处单击参数"开始"前的"关键帧触发"按钮，设置值为 100%，让音符呈现完全透明状态，参数和效果如图 4-60 所示。

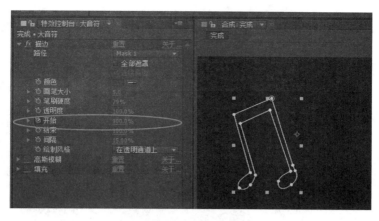

图 4-60 在 0 秒处设置开始值

⑯ 在两秒处单击参数"开始"前的"关键帧触发"按钮，设置值为 0，让音符完成描边，参数和效果如图 4-61 所示。

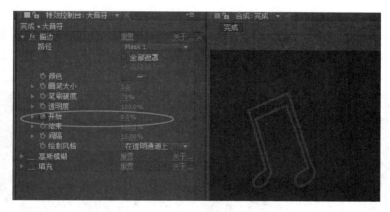

图 4-61 在两秒处设置开始值

⑰ 设置特效"高斯模糊"的参数，设置模糊量为 3，模糊尺寸为水平和垂直；设置特效"填充"的颜色为蓝色，水平羽化值为 24.1，垂直羽化值为 32.4，在 3 秒处单击参数"透明度"前的"关键帧触发"按钮，设置值为 0，如图 4-62 所示。

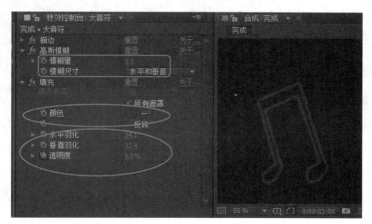

图 4-62 在 3 秒处设置透明度的值

⑱ 在 4 秒 24 帧处设置透明度的值为 100%，实现填充的颜色从无到有的效果，如图 4-63 所示。

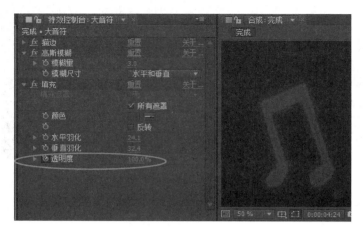

图 4-63　在 4 秒 24 帧处设置透明度（Opacity）的值

⑲ 拖动图片素材"音符（蓝）.bmp"到固态层下方的 0:00:04:23 处，单击参数"透明度"前的"关键帧触发"按钮，设置值为 0，如图 4-64 所示；在 0:00:07:23 处修改透明度的值为 100%，制作背景图片从透明到不透明的变化过程，如图 4-65 所示。

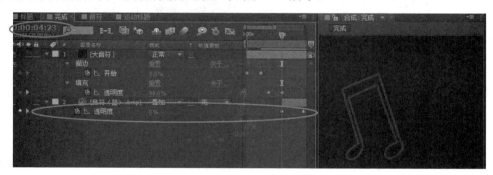

图 4-64　在 0:00:04:23 处设置透明度的值

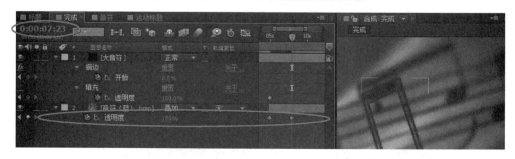

图 4-65　在 0:00:07:23 处设置透明度的值

⑳ 拖动工程"音符"到时间线轨道的 0:00:07:23 处，放置在固态层"大音符"的上方，设置工程"音符"的叠加模式为"叠加"，单击参数"位置"前的"关键帧触发"按钮，设置值为（4，410），让音符从画面外进入，如图 4-66 所示。

㉑ 在 0:00:09:00 处修改位置的值为（234，126），如图 4-67 所示。

图 4-66　在 0:00:07:23 处设置叠加模式和位置

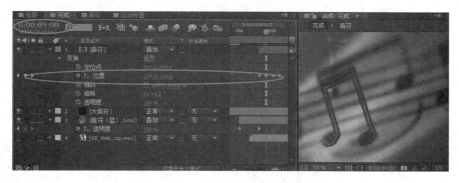

图 4-67　在 0:00:09:00 处设置位置的值

㉒ 在 0:00:10:01 处设置位置的值为（462，262），如图 4-68 所示。

图 4-68　在 0:00:10:01 处设置位置的值

㉓ 在 0:00:11:01 处设置位置的值为（680，50），如图 4-69 所示。

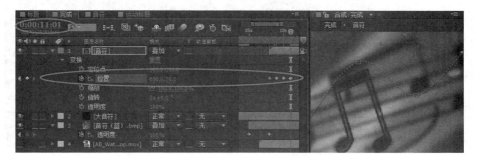

图 4-69　在 0:00:11:01 处设置位置的值

131

数字影音编辑与合成（Premiere Pro CS6 + After Effects CS6）

㉔ 制作设置完特效的工程"音符"副本两份，依次拖动到时间线窗口的 0:00:09:00 处和 0:00:10:01 处，渲染背景，如图 4-70 所示。

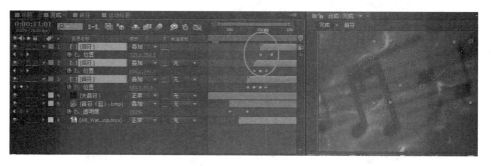

图 4-70　制作工程"音符"的副本并排列

提示

由于是通过副本来制作的，因此所有工程"音符"的叠加模式均为"叠加"。

㉕ 拖动工程"动作标题"到时间线的 0:00:11:00 处，如图 4-71 所示。

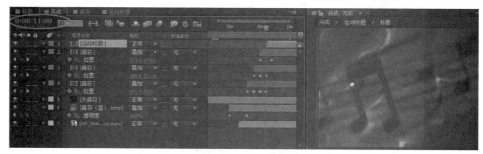

图 4-71　拖入工程"动作标题"并排列

㉖ 使用钢笔工具绘制四边形遮罩，在 0:00:11:00 处使标题不可见，设置遮罩羽化值均为 92，具体遮罩参数如图 4-72 所示。

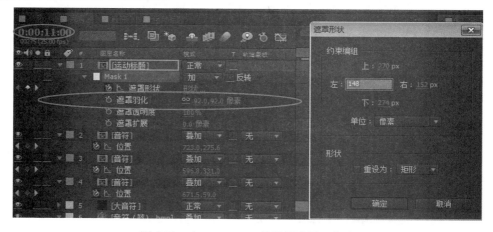

图 4-72　在 0:00:11:00 处设置遮罩羽化值

132

㉗ 在 0:00:14:20 处修改遮罩节点，使标题可见，具体参数为 Top20，Left122，Right634，Bottom426，如图 4-73 所示。

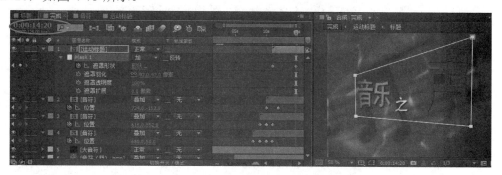

图 4-73　在 0:00:14:20 处修改遮罩节点

🔊 提示

在实际做片过程中，只需拉动遮罩节点来控制遮罩范围，一般不用精确地指明参数，如果需要知道详细的参数（如控制绝对水平位移等），可单击"形状"按钮。

㉘ 再拖动一次工程"音符"到时间线窗口的 0:00:10:00 处，注意这里的叠加模式为"正常"，单击参数"位置"前的"关键帧触发"按钮，设置值为"236，−148"，如图 4-74 所示。

图 4-74　拖入工程"音符"并设置 0:00:10:00 处的位置值

㉙ 在 0:00:10:23 处设置位置的值为（234，260），如图 4-75 所示。

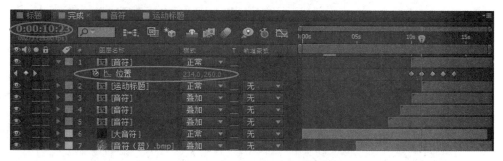

图 4-75　在 0:00:10:23 处设置位置的值

㉚ 在 0:00:11:23 处设置位置的值为（320，154），如图 4-76 所示。

㉛ 在 0:00:12:23 处设置位置的值为（394，328），如图 4-77 所示。

图 4-76　在 0:00:11:23 处设置位置的值

图 4-77　在 0:00:12:23 处设置位置的值

㉜　在 0:00:13:23 处设置位置的值为（838，88），如图 4-78 所示。

图 4-78　在 0:00:13:23 处设置位置的值

㉝　把视频素材 "AB_Wat…op.mov" 拖动到时间线窗口的最下方 0:00:06:11 处，设置图片层 "音符（蓝）.bmp" 的叠加模式为 "叠加"，完成影片的制作，如图 4-79 所示。

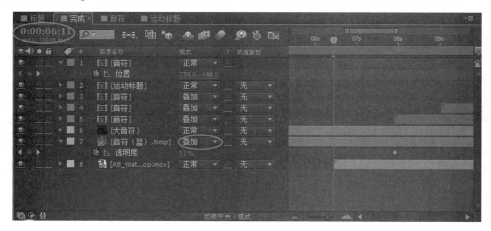

图 4-79　完成影片的制作

总结与回顾

　　本章通过"艺术活动纪录片头"的制作，主要学习了 After Effects CS6 的综合运用。通过本片的制作可以看出，在实际做片过程中，通过一个固定的元素来贯穿全片，再辅以合适的特效，可以起到很好的效果。

 课后习题

　　利用光盘中《理查德·克莱德曼——忧郁的钢琴王子》文件夹中提供的素材，制作一部钢琴新年演奏会的宣传片。

4.3　通用婚庆片头

知识概述

（1）掌握使用 After Effects 图层叠加模式的使用方法和技巧。
（2）掌握使用 After Effects 文字工具的使用方法和技巧。
（3）掌握使用 After Effects "CC 球体"特效的使用方法和技巧。
（4）掌握使用 After Effects 投影特效的使用方法和技巧。
（5）掌握使用 After Effects 遮罩工具的使用方法和技巧。
（6）能综合运用 After Effects 的各类操作技能完成影视片头的制作。

■任务描述

　　结婚就要办婚礼，这不仅是一对新人一生最美好的回忆，也是中国传统家庭所必要的一个仪式和过程。特别是现在的新人对婚礼的要求越来越高，所以，婚庆行业近几年来得到了蓬勃发展，而婚礼纪录片头是其中的重头戏。一部好的夺人眼球的婚庆片头，可以为婚礼影音记录锦上添花。

■创意构思

　　因为婚礼是喜庆的事情，所以婚礼纪录片就以红色为主基调色。在片中融入爱情、结合、喜庆等诸多元素，通过浪漫的红心飞舞，通过对联式祝福话语的呈现，表现出一种中国风格，相信会得到新人的喜爱。

■任务实施

　　① 打开 After Effects CS6，新建工程"背景"，设置预置为 PAL D1/DV 格式，持续时间

为 15 秒，如图 4-80 所示；导入文件夹"婚庆片头素材"待用，如图 4-81 所示。

图 4-80　新建工程"背景"　　　　　　　图 4-81　导入素材文件夹到库

② 依次拖动视频素材"BS_ColorFlow.mov"、"light.mov"、"light01.mpg"到时间线窗口，修改"BS_ColorFlow.mov"的缩放比例为（247%，241%），"light.mov"的缩放比例为（114.5%，100%），"light01.mpg"的缩放比例为（218.8%，201.4%），把"light.mov"、"light01.mpg"的持续时间放慢一倍；设置"light01.mpg"拖动到 00:00:04:07 处，如图 4-82 所示。

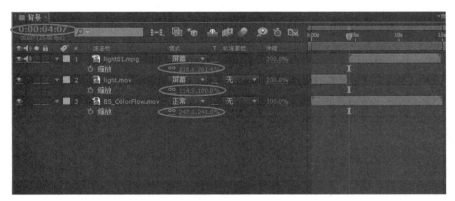

图 4-82　拖入素材到时间线并分别设置缩放比例和播放时间

🔊 提示 ◦

修改素材持续时间的"伸缩"属性，可以在时间线栏上右击，在弹出的快捷菜单中选择"伸缩"命令，然后通过修改播放比例或者持续时间来实现。

③ 新建工程"囍"，设置宽度为 3000 像素，高度为 2400 像素，持续时间为 15 秒，如图 4-83 所示。

④ 使用文字工具输入文字"喜"，设置字体为 DFZongYi，字体大小为 100，颜色为红色（R255 G0 B0），如图 4-84 所示。

⑤ 复制多个文字层"喜"，排列位置为铺满整个窗口，注意各个"囍"间的行间距要稍

小些，列间距要稍大些，如图 4-85 所示。

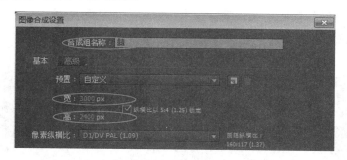

图 4-83 新建工程"囍"并设置参数

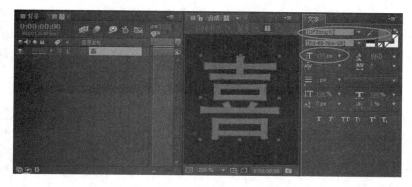

图 4-84 输入文字"喜"并设置属性

图 4-85 创建多个"喜"层副本并排列

⑥ 新建工程"囍球"，设置宽度为 3000 像素，高度为 2400 像素，持续时间为 15 秒，如图 4-86 所示。

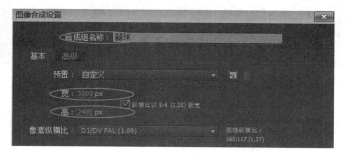

图 4-86 新建工程"囍球"

⑦ 拖动工程"囍"到时间线窗口，添加特效"CC 球体"，设置半径为 450，在 0:00:00:00 处单击参数"Y 轴旋转"前的"关键帧触发"按钮，设置值为 0*0，如图 4-87 所示。

⑧ 在 0:00:05:00 处修改参数"Y 轴旋转"的值为 2*0，让"囍球"在 5 秒的时间里绕 Y 轴旋转两圈，如图 4-88 所示。

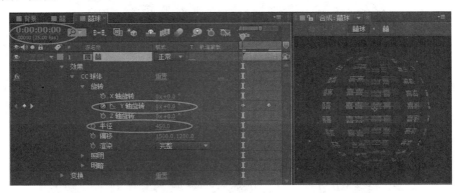

图 4-87　在 0:00:00:00 处设置参数"Y 轴旋转"的值

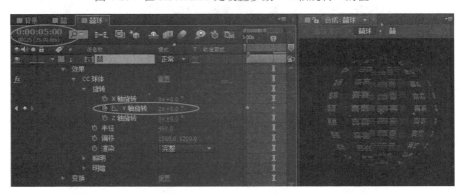

图 4-88　在 0:00:05:00 处设置参数"Y 轴旋转"的值

⑨ 新建工程"红心"，设置预置为 PAL D1/DV 格式，持续时间为 15 秒，如图 4-89 所示。

⑩ 新建固态层，尺寸同工程尺寸，使用钢笔工具绘制心形封闭路径，如图 4-90 所示。

图 4-89　新建工程"红心"

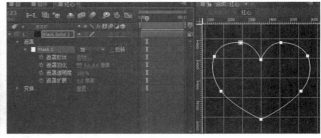

图 4-90　绘制心形封闭路径

提示

在用钢笔工具绘制形状路径时，要充分利用标尺和参考线的作用来定位。可以通过"视图—标尺"命令来实现，也可以直接按 Ctrl+R 键来实现，参考线可以在标尺上直接用鼠标拖动。

⑪ 为固态层添加描边特效"3D Stroke"，设置颜色为红色（R255 G0 B0），厚度为 10。在 0:00:00:00 处单击参数"末"前的"关键帧触发"按钮，设置值为 0，如图 4-91 所示；在 0:00:02:00 处设置值为 100，如图 4-92 所示。

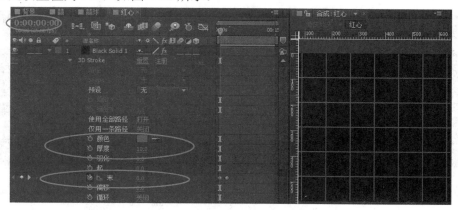

图 4-91　在 0:00:00:00 处设置参数 End "末"的值

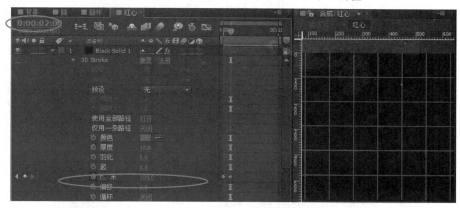

图 4-92　在 0:00:02:00 处设置参数"末"的值

⑫ 设置参数"重复"的值，如图 4-93 所示，制作霓虹灯红心效果。

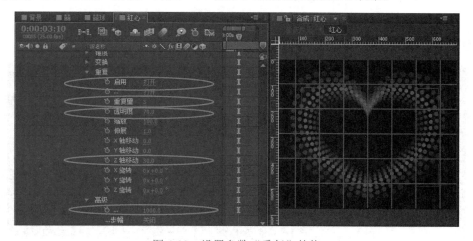

图 4-93　设置参数"重复"的值

⑬ 新建工程"天成佳偶"，设置预置为 PAL D1/DV 格式，持续时间为 15 秒；用竖排文字工具输入文字"天成佳偶"，设置字体为 DFZongYi，字体大小为 90，字距为 100，颜色为红色（R255 G0 B0），如图 4-94 所示。

图 4-94　输入文字"天成佳偶"并设置属性

⑭ 选择文字层右边的"动画—缩放"命令，为文字添加缩放动画属性，修改缩放比例均为 800%，在 0:00:00:00 处单击参数"偏移"前的"关键帧触发"按钮，设置值为 0，如图 4-95 所示。

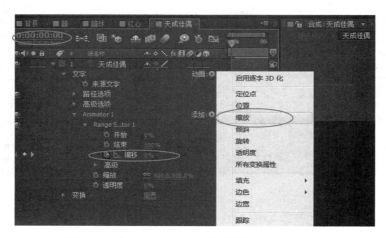

图 4-95　在 0:00:00:00 处设置参数"偏移"的值

⑮ 在 0:00:02:00 处设置偏移量为 100%，如图 4-96 所示。

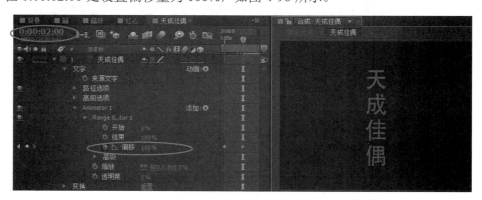

图 4-96　在 0:00:02:00 处设置偏移量

⑯ 利用工程"天成佳偶"的副本制作出工程"天作之合"，修改文字即可，如图 4-97 所示。

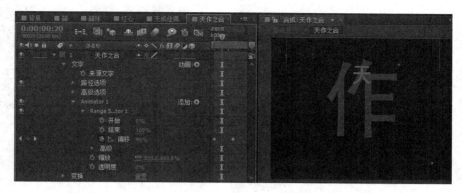

图 4-97　利用副本完成工程"天作之合"

⑰ 利用工程"天成佳偶"的副本制作出工程"天赐良缘"，修改文字即可，如图 4-98 所示。

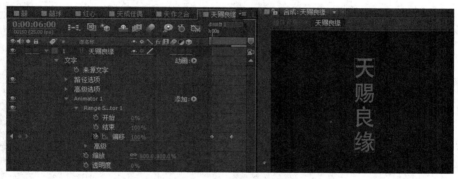

图 4-98　利用副本完成工程"天赐良缘"

⑱ 利用工程"天成佳偶"的副本制作出工程"天生一对"，修改文字即可，如图 4-99 所示。

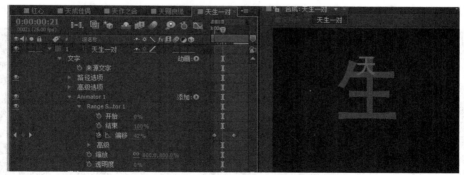

图 4-99　利用副本完成工程"天生一对"

⑲ 新建工程"新婚大喜"，设置预置为 PAL D1/DV 格式，持续时间为 15 秒，如图 4-100 所示；新建固态层，尺寸同工程尺寸，颜色为黄色（R255 G255 B0），如图 4-101 所示。

⑳ 使用矩形工具在固态层上绘制长方形，添加特效"斜面 Alpha"，设置边缘厚度为 10，

照明色为白色，如图 4-102 所示。

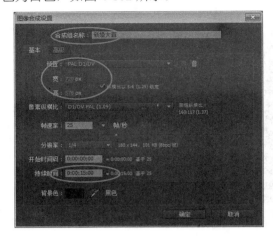

图 4-100　新建工程"新婚大喜"　　　　　　　　图 4-101　新建黄色固态层

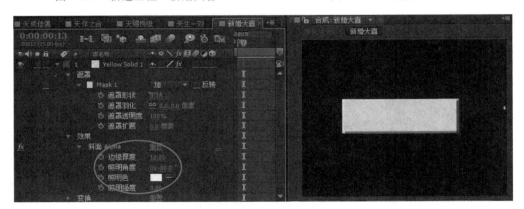

图 4-102　设置特效"斜面 Alpha"的参数值

㉑ 使用文字工具输入文字"新婚大喜"，设置字体为 DFZongYi，字体大小为 90，字距为 100，颜色为红色（R255 G0 B0），放置在黄色矩形遮罩的上方，如图 4-103 所示。

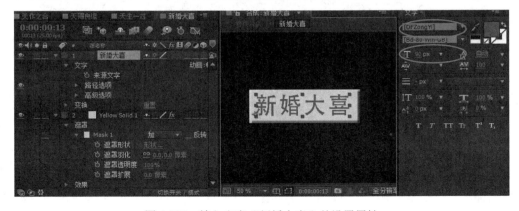

图 4-103　输入文字"新婚大喜"并设置属性

㉒ 新建工程"婚庆片头"，设置预置为 PAL D1/DV 格式，持续时间为 15 秒，如图 4-104

所示。

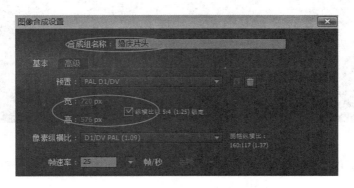

图 4-104 新建工程"婚庆片头"

㉓ 依次拖动工程"背景"和"囍球"到时间线窗口，设置工程"囍球"的叠加模式为"艳光"，修改缩放为 55%，在 0:00:05:00 处单击参数"位置"前的"关键帧触发"按钮，设置值为（360，288，0），如图 4-105 所示。

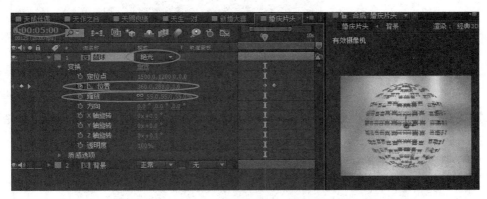

图 4-105 在 0:00:05:00 处设置位置的值

㉔ 在 0:00:06:00 处设置参数"位置"的值为（360，288，-1098），如图 4-106 所示。

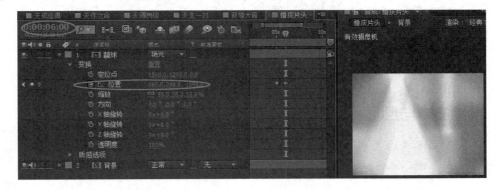

图 4-106 在 0:00:06:00 处设置位置的值

㉕ 依次拖动工程"天赐良缘"、"天生一对"、"天成佳偶"、"天作之合"，分别设置各工程的位置，如图 4-107 所示，每个工程出现的时间间隔为两秒。

图 4-107　拖入工程并排列

㉖ 继续拖动工程"红心"到时间线的 0:00:10:00 处，继续拖动"新婚大喜"到时间线，修改位置为（360，120），如图 4-108 所示。

图 4-108　修改工程"新婚大喜"的位置

㉗ 拖动工程"新婚大喜"到时间线的 0:00:12:00 处，完成通用婚庆片头的制作，如图 4-109 所示。

图 4-109　拖动工程"新婚大喜"完成工程"婚庆片头"

总结与回顾

　　本章通过"通用婚庆片头"的制作，主要学习了 After Effects CS6 的综合运用。通过本片的制作可以看出，一个好的片头要和整个影片的风格相协调，这种协调是色彩、节奏、构图等多方面的总体协调。特效的运用要恰到好处，既不能太过花哨，让人眼花缭乱、心生厌烦，也不能过于简单，否则达不到渲染的效果。

课后习题

利用素材中《婚礼通用片花》提供的素材，制作几个婚礼段落的片花。

参考画面：

4.4　青年活动纪录片头

知识概述

（1）掌握使用 After Effects 文字工具输入文字的方法和技巧。

（2）掌握使用 After Effects 遮罩工具的方法和技巧。

（3）掌握使用 After Effects "描边"特效的方法和技巧。

（4）掌握使用 After Effects "辉光"特效的方法和技巧。

（5）掌握使用 After Effects 倒放工具的方法和技巧。

（6）能综合运用 After Effects 的各类操作技能完成影视片的制作。

任务描述

学校是一个朝气蓬勃、青春洋溢的集体，在学校里，每天接触最多的就是同学们。同学们日常的学习、活动常常需要留影音记录，今天我们就为这一类型的影视片设计一个片头。

创意构思

对于青年活动纪录，自然要体现出青春、活力、向上的情绪，所以这里我们设计为快节奏的表现力。图片的切换时间一般为 10～15 帧，转场的时间一般为 5～10 帧，以简明的黑、白、红三色来烘托出年轻人追求美好、积极向上的态度。

◖任务实施

1. 准备素材

在 Photoshop 中准备好所有的图片素材，如图 4-110 所示。

（a）

（b）

图 4-110　素材图片

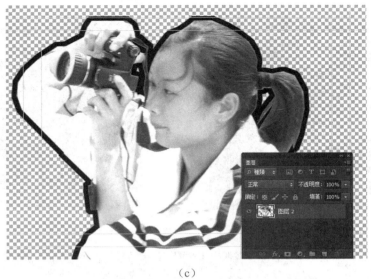

（c）

（d）

图 4-110 素材图片（续）

2. 编辑制作图片

① 打开 After Effects CS6，新建工程"背景"，设置预置为 PAL D1/DV 格式，持续时间为 25 秒，如图 4-111 所示；新建固态层"白层"，设置与工程相同的尺寸，颜色为白色（R255 G255 B255），如图 4-112 所示。

② 新建固态层"红层"和"黑层"，设置与工程相同的尺寸，颜色分别为红色（R255 G0 B0）和黑色（R0 B0 G0），设置"白层"、"红层"和"黑层"的位置分别为（360，288）、（360，480）、（360，650），完成背景的制作，如图 4-113 所示。

图 4-111 新建工程"背景"

图 4-112 新建固态层"白色固态层 1"

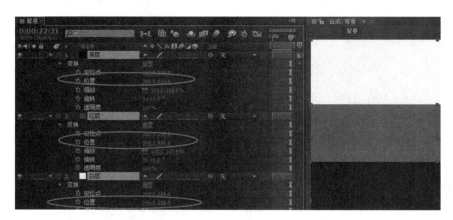

图 4-113 新建固态层并分别设置位置参数

提示

注意，三个固态层位置的 X 值均为 360 不变，这是为了保证三个层都保持水平，三层之间的间距应上紧下松，体现构图的稳重感。

③ 新建工程"P"，设置预置为 PAL D1/DV 格式，持续时间为 25 秒；用文本工具输入字符"P"，设置字体为 Arial，字体大小为 400，颜色为白色（R255 G255 B255），放置在画面正中间，如图 4-114 所示。

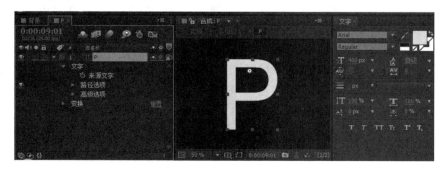

图 4-114 输入字符"P"并设置属性

④ 新建黑色固态层，尺寸同工程尺寸，拖动到时间线轨道，放置在文字层的上方，取消固态层的可视，如图 4-115 所示。

图 4-115 新建固态层并取消可视

⑤ 选择钢笔工具，以字符层的文字为参照，在固态层上勾勒字母轮廓路径，注意是开放式路径，如图 4-116 所示。

⑥ 取消字符层"P"的可视，打开固态层的可视，在特效面板搜索栏输入"描边"，快速找到特效"描边"，添加到固态层上，如图 4-117 所示。

图 4-116 用钢笔工具勾勒字母轮廓路径

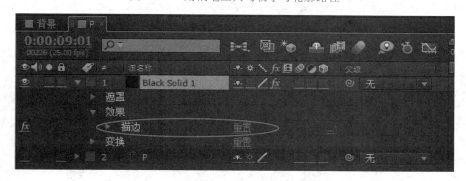

图 4-117 搜索特效"描边"并添加到固态层上

⑦ 设置特效"描边"的参数，设置路径为 Mask 1，画笔大小为 40，颜色为红色（R255 G255 B0），为字符"P"添加红色描边；在 0:00:00:00 处单击参数"结束"前的"关键帧触发"按钮，设置值为 0，如图 4-118 所示。

⑧ 在 0:00:01:00 处设置参数"结束"的值为 100%，完成字符的描边，如图 4-119 所示。

⑨ 为固态层添加"斜面 Alpha"特效，设置边缘厚度为 12.7，照明强度为 0.5，为文字添加立体效果，完成工程"P"的制作，如图 4-120 所示。

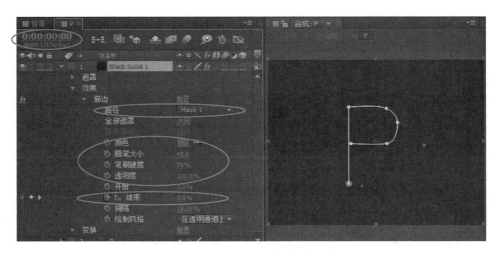

图 4-118　设置特效"描边"的属性

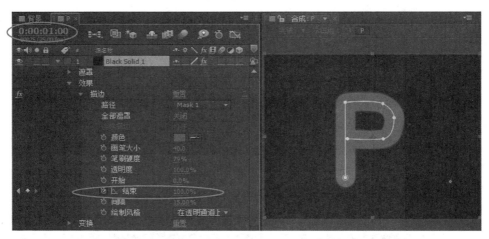

图 4-119　在 0:00:01:00 处设置参数"结束（End）"的值

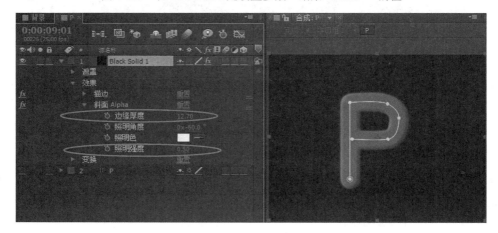

图 4-120　添加特效"斜面 Alpha"并设置参数

⑩ 新建工程"O"，设置预置为 PAL D1/DV 格式，持续时间为 25 秒；选择"视图—显示栅格"命令，以便绘制路径，如图 4-121 所示

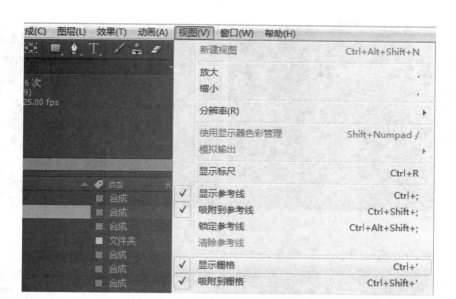

图 4-121　选择"视图—显示栅格"命令

⑪ 用文本工具输入字符"O",设置字体为 Arial,字体大小为 400,颜色为白色(R255 G255 B255),放置在画面正中间;新建黑色固态层,尺寸同工程尺寸,拖动到时间线轨道,放置在文字层的上方,取消固态层的可视;选择钢笔工具,以字符层的文字为参照,在固态层上勾勒字母轮廓路径,注意是开放式路径,如图 4-122 所示。

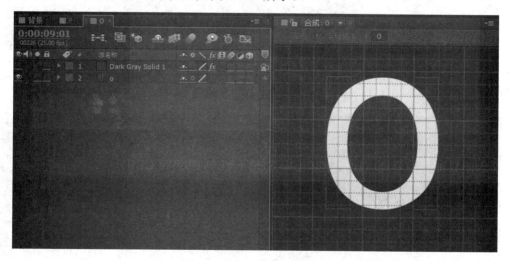

图 4-122　利用字符参照层勾勒字母轮廓路径

提示 •

在绘制对称路径时,借助网络和参考线可以轻松、简单地完成任务,同学们要学会充分利用。

⑫ 复制工程"P"的所有特效,粘贴给工程"O"的固态层,完成工程"O"的制作,如图 4-123 所示。

图 4-123　完成工程"O"

⑬ 用同样的方法制作出工程"h"，如图 4-124 所示。

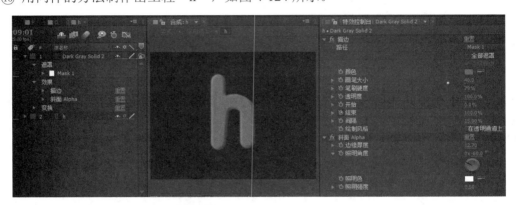

图 4-124　完成工程"h"

⑭ 用同样的方法制作出工程"t"，如图 4-125 所示。

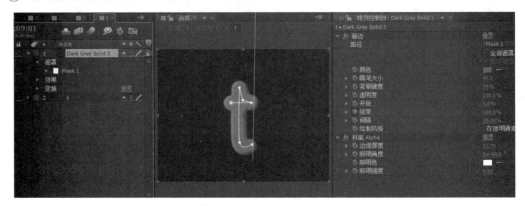

图 4-125　完成工程"t"

⑮ 新建工程"字母组 1"，设置预置为 PAL D1/DV 格式，持续时间为 10 秒，如图 4-126 所示。

⑯ 依次拖动工程"P"、"h"、"O"、"t"、"O"到时间线轨道，分别修改位置，如图 4-127 所示。

图 4-126　新建工程"字母组 1"

图 4-127　依次拖入字母工程并分别修改位置

⑰ 选中所有图层，按 P 键，这时会显示出所有选中层的"位置"属性，在 00:00:01:00 处单击参数"位置"前的"关键帧触发"按钮，分别设置值，如图 4-128 所示。

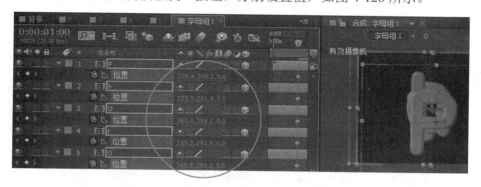

图 4-128　在 00:00:01:00 处单击所有层的"关键帧触发"按钮

提示

选中图层，在英文输入状态下，按 P 键会显示"位置"属性，按 S 键会显示"缩放"属性，按 R 键会显示"旋转"属性，按 T 键会显示"透明度"属性。

⑱ 在 00:00:01:15 处设置位置的值，分别如图 4-129 所示。

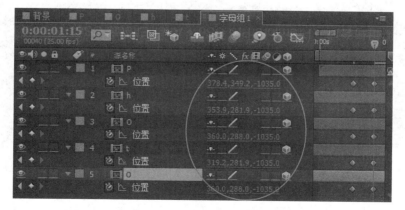

图 4-129　在 00:00:01:15 处分别设置各层的关键帧值

⑲ 排列各层的位置关键帧，如图 4-130 所示，实现文字逐一运动的效果，详见源文件

⑳ 新建工程"字母组 2"，依次拖动工程"P"、"h"、"O"、"t"到时间线轨道，在 0:00:01:00 处单击层"P"前的"关键帧触发"按钮，设置其值为（378.4，349.2，0）；单击参

数 "Z 轴旋转" 前的 "关键帧触发" 按钮，设置其值为 0*0，如图 4-131 所示。

图 4-130　分别排列各层关键帧的位置

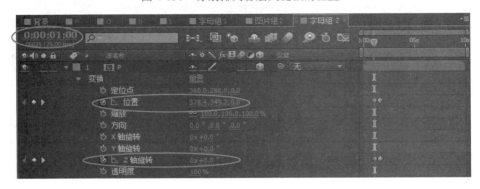

图 4-131　在 0:00:01:00 处设置层 "P" 的位置和 "Z 轴旋转" 的关键帧值

㉑ 在 0:00:01:15 处设置位置的值为（338.4，349.2，-1050）；设置参数 "Z 轴旋转" 的关键帧值为 0*60，如图 4-132 所示。

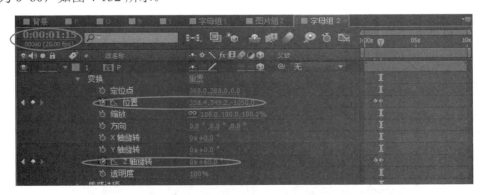

图 4-132　在 0:00:01:15 处设置层 "P" 的位置和 "Z 轴旋转" 的关键帧值

㉒ 复制工程 "P" 的所有属性到其他字母合成，把关键帧依次往后拖动，使上一个层的第二个关键帧和下一个层的第一个关键帧在同一位置，实现字母依次旋转放大，如图 4-133 所示。

㉓ 新建工程 "字母组 3"，设置预置为 PAL D1/DV 格式，持续时间为 10 秒，如图 4-134 所示；拖动工程 "字母组 2" 到时间线窗口。

㉔ 右击，在弹出的快捷菜单中选择 "显示栏目—伸缩" 命令，如图 4-135 所示。

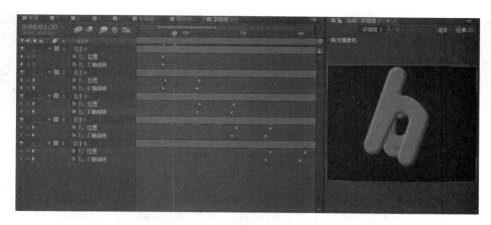

图 4-133　分别排列各层关键帧的位置

图 4-134　新建工程"字母组 3"

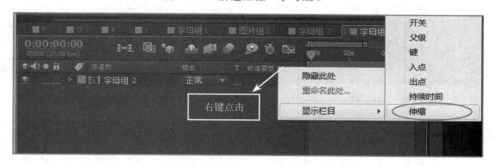

图 4-135　选择"显示栏目—伸缩"命令

㉕ 设置伸缩比例为-100，也就是让素材倒放，如图 4-136 所示。

㉖ 现在可以看到，工程"字母组 2"成了红条色，同时工程"字母组 2"实现了倒放，把工程"字母组 2"往后拖动，使结束处位于 4 秒，如图 4-137 所示。

㉗ 在 0:00:00:00 处单击参数"透明度"前的"关键帧触发"按钮，设置值为 100%，在 0:00:04:00 处设置值为 0，实现工程的消失，如图 4-138 所示。

图 4-136　设置素材为倒放

㉘ 新建工程"字母组 4"，设置预置为 PAL D1/DV 格式，持续时间为 10 秒；依次拖动工程"P"、"h"、"O"、"t"、合成"O"到时间线轨道，如图 4-139 所示。

㉙ 选中所有图层，按 S 键，设置所有图层的缩放比例均为 50%，如图 4-140 所示。

图 4-137   移动倒放素材的位置

图 4-138   设置工程"字母组 2"的淡出效果

⑳ 按 P 键，打开所有图层的"位置"属性，在 0:00:00:00 处单击参数"位置"前的"关键帧触发"按钮，分别设置其值，如图 4-141 所示，注意每层的 X 轴值均相差 100。

㉛ 在 0:00:01:20 处分别设置位置参数的值，如图 4-142 所示。

图 4-139   新建工程"字母组 4"并排列素材

图 4-140   设置所有层的缩放比例均为 50%

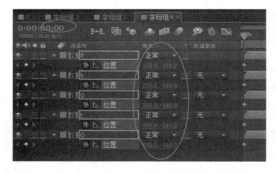

图 4-141   在 0:00:00:00 处分别设置各层的位置
关键帧值

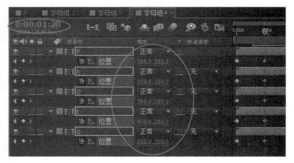

图 4-142   在 0:00:01:20 处分别设置各层的位置
关键帧值

㉜ 把各层的关键帧值依次往后拖动，使上一个层的第二个关键帧和下一个层的第一个关键帧在同一位置，实现字母的依次下落，如图 4-143 所示。

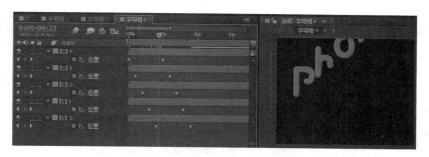

图 4-143 依次排列各层关键帧的位置

提示

在本例中多次使用了关键帧复制后移的方法，这样可以节约做片时间，提高效率。

㉝ 新建工程"图片组 1"，设置预置为 PAL D1/DV 格式，持续时间为 10 秒，如图 4-144 所示。

图 4-144 新建工程"图片组 1"

㉞ 依次拖动图片"图片 1.psd"和"图片 2.psd"到时间线轨道,把它们的缩放比例均修改为 90%，如图 4-145 所示。

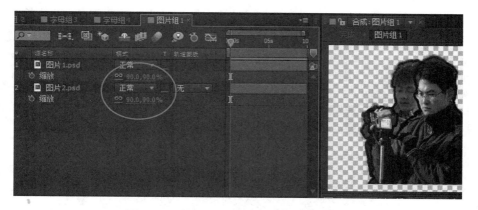

图 4-145 修改所有层的缩放比例均为 90%

㉟ 在 0:00:00:00 处单击参数"位置"前的"关键帧触发"按钮，分别设置其值，如图 4-146 所示，使图片分别在画面的左右外侧。

图 4-146　在 0:00:00:00 处分别设置各层的位置关键帧值

㊱ 在 0:00:00:15 处设置位置的关键帧值，分别如图 4-147 所示，实现图片水平移动到画面中间定格的效果。

图 4-147　在 0:00:00:15 处分别设置各层的位置关键帧值

㊲ 新建工程"图片组 2"，设置预置为 PAL D1/DV 格式，持续时间比例均为 10 秒；依次拖动图片"图片 3.psd"和"图片 4.psd"到时间线轨道，把它们的缩放比例均修改为 90%，如图 4-148 所示。

图 4-148　修改所有层的缩放比例均为 90%

㊳ 在 0:00:00:00 处单击参数"位置"前的"关键帧触发"按钮，分别设置其值，如图 4-149 所示，使图片分别在画面的左右外侧。

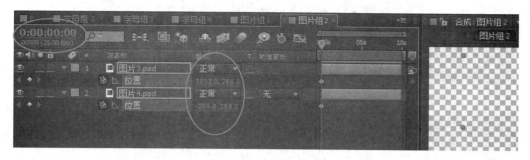

图 4-149 在 0:00:00:00 处分别设置各层的位置关键帧值

㊴ 在 0:00:00:15 处设置位置的关键帧值，分别如图 4-150 所示，实现图片水平移动到画面中间定格的效果。

㊵ 新建工程"图片组 3"，设置预置为 PAL D1/DV 格式，持续时间为 10 秒；拖动图片"图片 5.psd"到时间线窗口，修改位置到（360，-288），使图片位于画面上方，如图 4-151 所示。

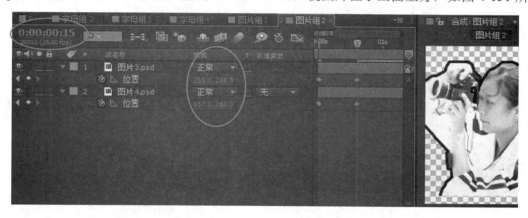

图 4-150 在 0:00:00:15 处分别设置各层的位置关键帧值

图 4-151 新建工程"图片组 3"并修改素材位置

㊶ 在 0:00:00:00 处单击参数"透明度"前的"关键帧触发"按钮，设置值为 0，让图片从透明开始呈现，如图 4-152 所示。

㊷ 在 0:00:01:00 处设置透明度的值为 100%，如图 4-153 所示。

图 4-152　在 0:00:00:00 处设置透明度的值

图 4-153　在 0:00:01:00 处设置透明度的值

㊸ 新建工程"光标"，设置预置为 PAL D1/DV 格式，持续时间为 10 秒，如图 4-154 所示；新建固态层"光标"，设置与工程相同的尺寸，颜色为白色（R255 G255 B255），如图 4-155 所示。

图 4-154　新建工程"光标"

图 4-155　新建固态层"光标"

㊹ 用矩形遮罩工具在固态层上绘制矩形，制作出光标形状，如图 4-156 所示。

㊺ 为固态层添加"辉光"特效，设置辉光半径为 20，其余参数保持默认设置，如图 4-157 所示。

160

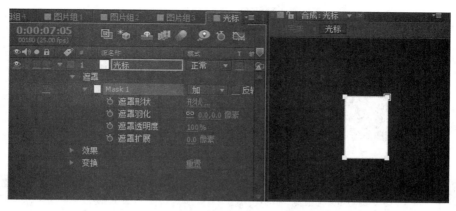

图 4-156　用矩形遮罩工具绘制光标形状

㊽ 在 0:00:00:00 处单击参数"透明度"前的（Opacity）"关键帧触发"按钮，设置值为 100%，如图 4-158 所示。

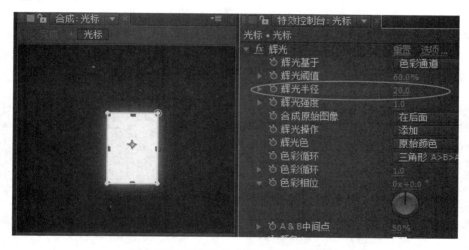

图 4-157　添加特效"辉光"并设置参数

图 4-158　在 0:00:00:00 处设置透明度的值

㊼ 在 0:00:00:05 处单击参数"透明度"前的"关键帧触发"按钮，设置值为 0，如图 4-159 所示，实现光标每 5 帧闪烁的效果。

㊽ 按复制完成的两个关键帧依次向后粘贴，制作出多个关键帧，一直到 0：00：05：00 处，实现光标持续闪烁 5 秒的效果，如图 4-160 所示。

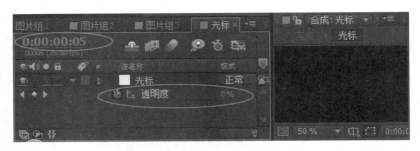

图 4-159   在 0:00:00:05 处设置透明度的值

图 4-160   复制多个关键帧来模拟光标闪烁效果

⑭　新建工程"活动名称"，设置预置为 PAL D1/DV 格式，持续时间为 10 秒，如图 4-161 所示；新建固态层，添加特效"路径文字"，输入文字"摄影课程活动记录"，设置字体为 SimHei，如图 4-162 所示。

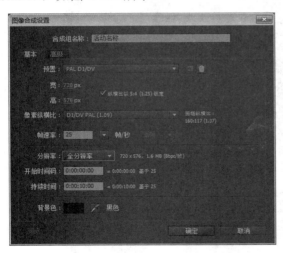

图 4-161   新建工程"活动名称   图 4-162   添加特效"路径文字"

⑮　设置特效"路径文字"的类型为线，填充色为白色（R255 G255 B255），如图 4-163 所示。

⑯　在 0:00:00:00 处单击参数"字符可见度"前的"关键帧"触发按钮，设置值为 0，如图 4-164 所示；在 0:00:02:00 处设置参数"字符可见度"的值为 8，使文字显示完全，如图 4-165 所示。

⑰　新建工程"完成"，设置预置为 PAL D1/DV 格式，持续时间为 25 秒；依次拖动工程"背景"、"字母组 1"、"图片组 1"到时间线窗口，其中工程"图片组 1"拖动到 0:00:04:02 处，如图 4-166 所示。

图 4-163　设置特效"路径文字"的参数值

图 4-164　在 0:00:00:00 处的参数值

图 4-165　在 0:00:02:00 处的参数值

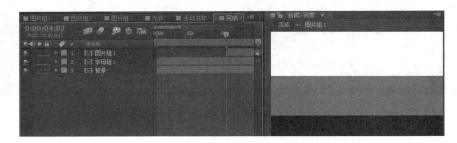

图 4-166　新建工程"完成"并排列素材

㊾ 在 0:00:05:00 处单击参数"透明度"前的"关键帧触发"按钮，设置值为 100%，如图 4-167 所示；在 0:00:05:17 处设置透明度的值为 0，如图 4-168 所示。

㊿ 将工程"字母组 2"拖动到 0:00:05:02 处，如图 4-169 所示。

图 4-167　在 0:00:05:00 处的参数值

图 4-168　在 0:00:05:17 处的参数值

图 4-169　拖动工程"字母组 2"到 0:00:05:02 处

⑤⑤ 将工程"图片组 2"拖动到 0:00:09:05 处，如图 4-170 所示。

图 4-170　拖动工程"图片组 2"到 0:00:09:05 处

⑤⑥ 在 0:00:10:05 处单击参数"透明度"前的"关键帧触发"按钮，设置值为 100%，如图 4-171 所示。

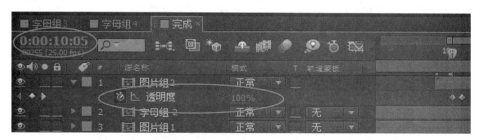

图 4-171　在 0:00:10:05 处的透明度值

⑤⑦ 在 0:00:10:20 处设置透明度的值为 0，如图 4-172 所示。

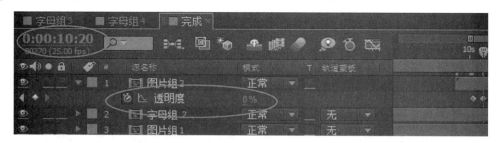

图 4-172　在 0:00:10:20 的透明度值

⑤⑧ 将工程"字母组 3"拖动到 0:00:10:05 处，如图 4-173 所示。
⑤⑨ 将工程"图片组 3"拖动到 0:00:12:10 处，如图 4-174 所示。

图 4-173　拖动工程"字母组 3"到 0:00:10:05 处

图 4-174　拖动工程"图片组 3"到 0:00:12:10 处

⑥　将工程"字母组 4"拖动到 0:00:13:20 处，如图 4-175 所示。

图 4-175　拖动工程"字母组 4"到 0:00:13:20 处

⑥　将工程"光标"拖动到 0:00:15:16 处，设置位置为（108，452），如图 4-176 所示。

图 4-176　拖动工程"光标"到 0:00:15:16 处并设置位置

⑥　再拖动一次工程"光标"到 0:00:16:16 处，如图 4-177 所示。

⑥　将工程"活动名称"拖动到 0:00:16:16 处，设置其位置为（360，496），如图 4-178 所示。

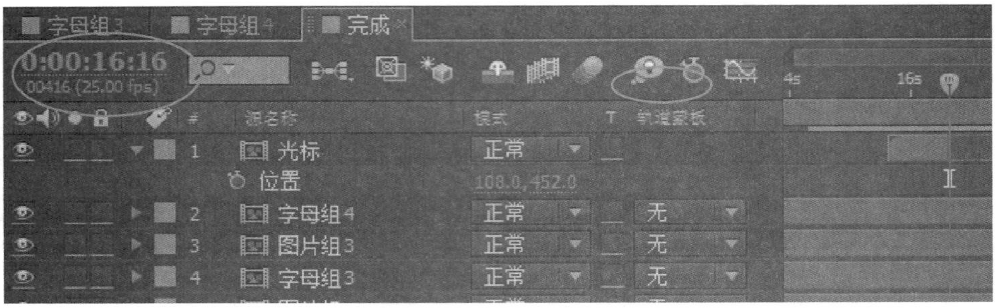

图 4-177　拖动工程"光标"到 0:00:16:16 处

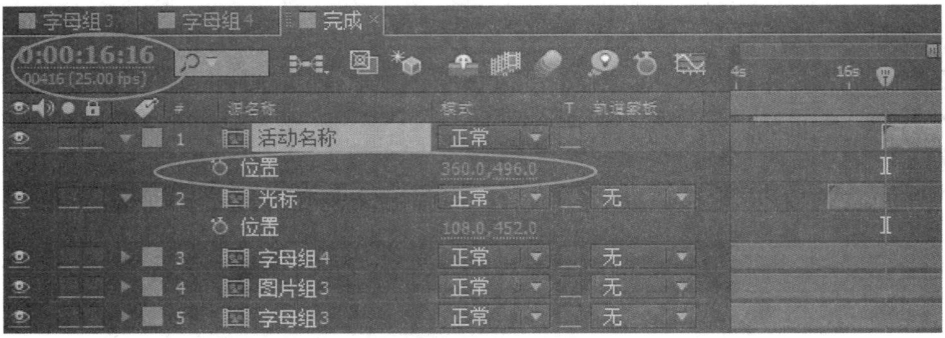

图 4-178　拖动工程"活动名称"到 0:00:16:16 处并设置位置

㉔ 把工作区域栏拖动到 20 秒 12 帧处，合成影片并完成制作，如图 4-179 所示。

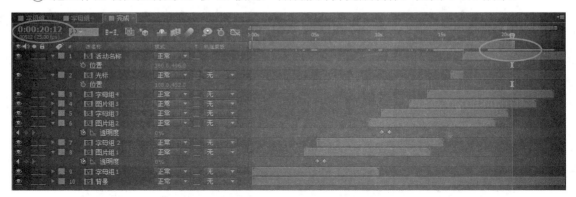

图 4-179　把拖动工作区域栏拖动到 20 秒 12 帧处

总结与回顾

　　本章通过"青年活动纪录片头"的制作，主要学习了 After Effects CS6 的综合运用。通过本片的制作可以看出，影片的风格要根据其使用对象进行适时的调整，表现积极向上、朝气蓬勃情绪的影片，可以通过线条、色块等形式来烘托，同时要考虑到影片的节奏。

课后习题

利用素材中《青年文明号进社区活动》提供的素材，制作一部表现青年文明号活动的宣传片。

参考画面：

4.5　新闻片主持人背景

知识概述

（1）掌握使用 After Effects 文字工具输入文字的方法和技巧。

（2）掌握使用 After Effects 遮罩工具的方法和技巧。

（3）掌握使用 After Effects "CC 球体" 特效的方法和技巧。

（4）掌握使用 After Effects "辉光" 特效的方法和技巧。

（5）掌握使用 After Effects "阴影" 特效的方法和技巧。

（6）掌握使用 After Effects 纸牌飞舞特效的方法和技巧。

（7）能综合运用 After Effects 的各类操作技能完成影视片的制作。

任务描述

一部完整的影视片，仅有夺人眼球的片头还不够，还要有贯穿始终的协调统一风格，包括背景、片花和片尾。本例我们就要为新闻片设计用以安排主持人播报新闻的背景。

创意构思

新闻片要表现出大气的风范。作为主持人的背景，首先不能过于花哨，既然是背景，就要起到烘托主体的作用。这里，我们设计一个橙色基调的背景，表现出积极向上的精神，通过一个网络球体的旋转，表现出新闻片涵盖的丰富内容。在画面的上角表现栏目名称，起到与整片首尾呼应的作用。

🖥 任务实施

① 打开 After Effects CS6，新建工程"网络"，设置预置为 PAL D1/DV 格式，持续时间为 5 秒，如图 4-180 所示；新建固态层"网络"，设置与工程相同的尺寸，如图 4-181 所示。

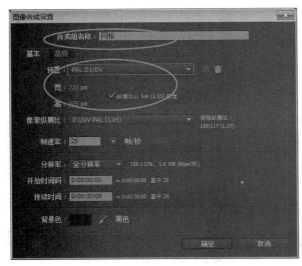

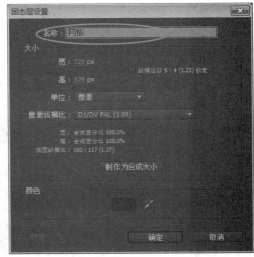

图 4-180　新建工程"网络"　　　　　　　　图 4-181　新建固态层"网络"

② 为固态层"网络"添加特效"网络"，设置参数"大小来自"为宽度与高度垂直，宽为 80，高为 80，边缘为 2，颜色为白色，如图 4-182 所示。

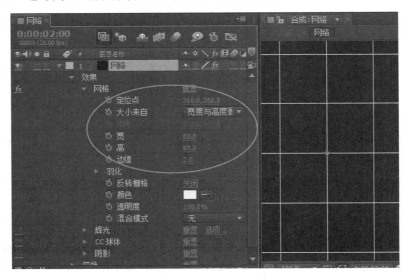

图 4-182　设置特效"网络"的参数值

③ 为固态层"网络"添加特效"辉光"，参数设置如图 4-183 所示。

④ 为固态层"网络"添加特效"CC 球体"，设置半径为 250，在 0:00:00:00 处单击参数"Y 轴旋转"前的"关键帧触发"按钮，设置为 0 度，如图 4-184 所示。

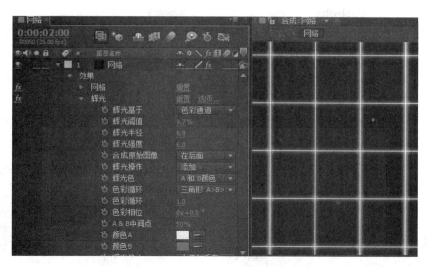

图 4-183　设置特效"辉光"的参数值

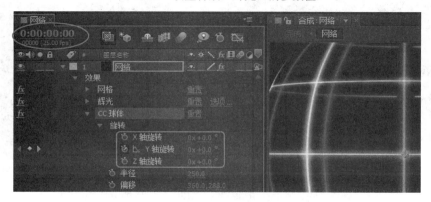

图 4-184　在 0:00:00:00 处设置特效"CC 球体"的参数值

⑤ 在 0:00:04:24 处设置 Y 轴旋转的值为 1×180°，制作出球体的形状，如图 4-185 所示。

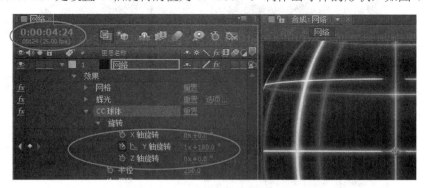

图 4-185　在 0:00:04:24 处设置特效"CC 球体"的参数值

⑥ 为固态层"网络"添加特效"阴影"，参数设置如图 4-186 所示，为球体添加阴影效果。

⑦ 新建工程"遮挡"，设置预置为 PAL D1/DV 格式，持续时间为 5 秒，如图 4-187 所示；新建固态层"遮挡"，设置与工程相同的尺寸，颜色为橙色（R255 G144 B0），如图 4-188 所示。

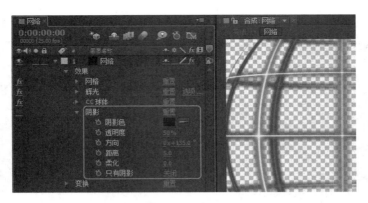

图 4-186　设置特效"阴影"的参数值

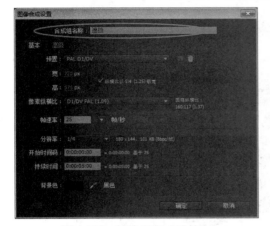

图 4-187　新建工程"遮挡"

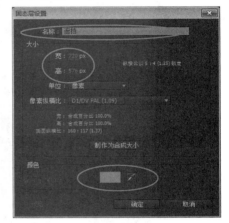

图 4-188　新建固态层"遮挡"

⑧ 使用矩形遮罩工具，绘制两个矩形遮罩，如图 4-189 所示。

图 4-189　绘制矩形遮罩

⑨ 利用两个遮罩矩形制作遮挡，效果如图 4-190 所示。

图 4-190　制作遮挡形状

⑩ 为"固态层遮挡"添加特效"阴影"，参数设置如图 4-191 所示，为遮挡添加阴影效果。

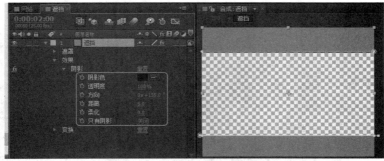

图 4-191　设置特效"阴影"的参数值

⑪ 为固态层"遮挡"添加特效"描边"，设置路径为 Mask 2，描边颜色为黑色，画笔大小为 2，笔刷硬度为 79%，绘制风格为在原始图像上，为遮挡添加描边效果，如图 4-192 所示。

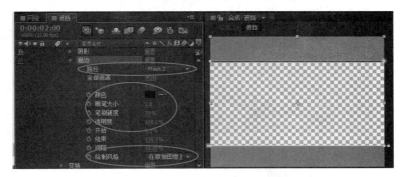

图 4-192　设置特效"描边"的参数值

🔊 提示

为了制作出下面遮挡长条的黑色边框效果，这里使用的是描边特效，其实还有其他方法来实现，如再加一个投影特效，设置投影的角度为向上，同学们不妨一试。

⑫ 新建工程"学校文字"，设置预置为 PAL D1/DV 格式，持续时间为 5 秒，如图 4-193 所示。

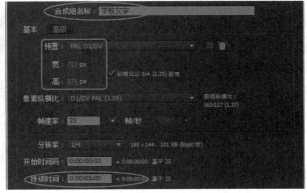

图 4-193　新建工程"学校文字"

⑬ 使用文字输入工具输入文字"金陵职业教育中心"，设置字体为 LiSu，字体大小为 72，字距为 100，如图 4-194 所示。

⑭ 为文字层添加动画，选择"动画—缩放"命令，如图 4-195 所示。

图 4-194 输入文字"金陵职业教育中心"

图 4-195 为文字添加缩放比例动画

🔊提示

如果想制作文字的动画效果，就需使用文字输入工具，而不能使用基本文字的特效。如果在时间线窗口没有看到菜单"动画"，可以按 F4 键切换。

⑮ 设置缩放比例的值均为 0，在 0:00:00:00 处设置偏移量的值为 0，这时文字是不可见的，如图 4-196 所示。

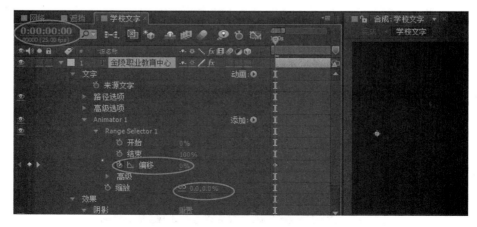

图 4-196 在 0:00:00:00 处设置缩放比例和偏移量

⑯ 在 0:00:02:00 处设置偏移量的值为 100%，这时文字已经实现完毕，如图 4-197 所示。

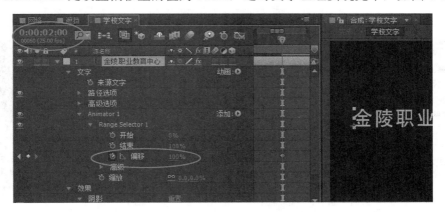

图 4-197　在 0:00:02:00 处设置偏移量的值

⑰ 为文字层添加特效"阴影"，设置方向为 135°，距离为 5，为文字添加阴影效果，如图 4-198 所示。

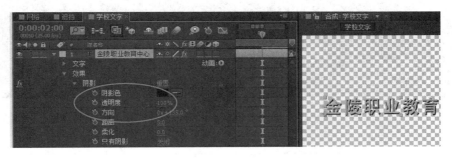

图 4-198　设置特效"阴影"的参数值

⑱ 新建工程"栏目文字"，设置预置为 PAL D1/DV 格式，持续时间为 5 秒，如图 4-199 所示；新建固态层"亮片"，设置与工程同样的尺寸，颜色为黄色，如图 4-200 所示。

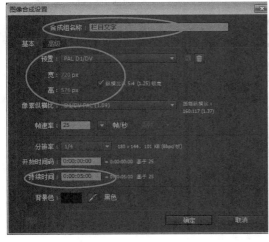

图 4-199　新建工程"栏目文字"　　　　图 4-200　新建固态层"亮片"

⑲ 在 0:00:01:11 处单击参数"透明度"前的"关键帧触发"按钮，设置值为 100%，如图 4-201 所示。

图 4-201　在 0:00:01:11 处设置透明度的值

⑳ 在 0:00:02:00 处设置透明度的关键帧值为 60%，如图 4-202 所示。

图 4-202　在 0:00:02:00 处设置透明度的值

🔊 提示

这里设置半透明效果是为了在栏目展示的后半段突出栏目名称。在做片时要时刻注意再花哨的特效都是为了突出主体而设计，决不能喧宾夺主，本末倒置。

㉑ 为固态层"亮片"添加特效"卡片擦除"，参数设置如图 4-203 所示。

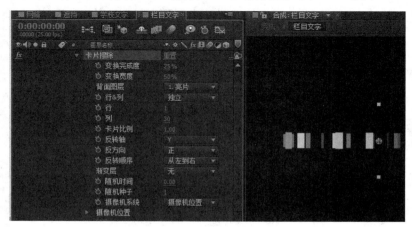

图 4-203　设置特效"卡片擦除"的值

㉒ 参数"位置振动"和"旋转振动"的设置如图 4-204 所示。

位置振动		旋转振动	
X 振动量	5.00	X 旋转振动量	0.00
X 振动速度	1.00	...振动速度	1.00
Y 振动量	0.00	Y 旋转振动量	300.00
Y 振动速度	1.00	...振动速度	1.00
Z 振动量	10.00	Z 旋转振动量	0.00
Z 振动速度	1.00	...振动速度	1.00

图 4-204 参数 "位置振动" 和 "旋转振动" 的设置

㉓ 为固态层 "亮片" 添加特效 "辉光", 保持默认的参数设置, 如图 4-205 所示。

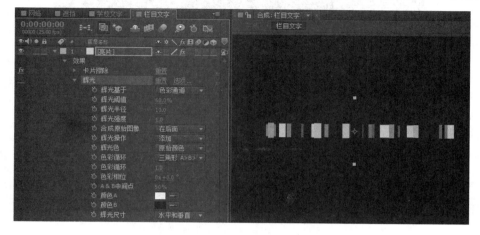

图 4-205 设置特效 "辉光" 的值

㉔ 新建固态层 "栏目文字", 设置与工程文件相同的尺寸, 宽度为 720 像素, 高度为 576 像素, 如图 4-206 所示; 为固态层添加特效 "基本文字", 输入文字为 "校园新闻零距离", 字体为 SimHei, 如图 4-207 所示。

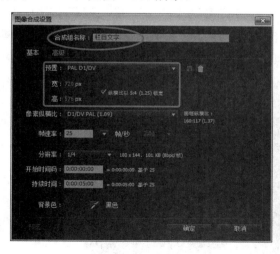

图 4-206 新建固态层 "栏目文字"

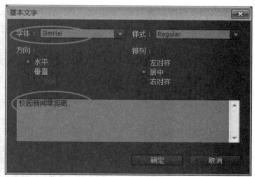

图 4-207 设置特效 "基本文字" 的参数值

㉕ 设置特效 "基本文字" 的大小为 80, 其他保持默认设置; 为固态层添加特效 "阴影", 设置方向为 135°, 距离为 5, 为文字添加阴影效果, 如图 4-208 所示。

㉖ 为固态层 "栏目文字" 添加特效 "卡片擦除", 参数设置如图 4-209 所示。

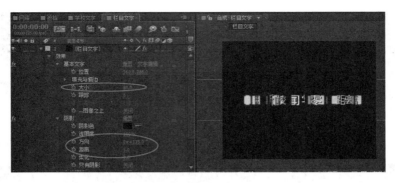

图 4-208　设置特效"基本文字"和"阴影"的参数值

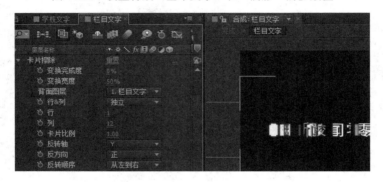

图 4-209　设置特效"卡片擦除"的值

🔊 提示

这里为文字添加特效"卡片擦除"，完全可以通过复制"亮片"的特效实现，只需修改个别参数即可。

㉗ 打开"位置振动"选项组，在 0:00:01:07 处单击参数"X 振动量"和"Z 振动量"前的"关键帧触发"按钮，分别设置参数值为 5 和 1；打开"旋转振动"选项组，在 0:00:01:07 处单击参数"Y 旋转振动量"前的"关键帧触发"按钮，设置参数值为 100，如图 4-210 所示，完成文字的反转效果。

图 4-210　在 0:00:01:07 处设置参数"位置振动"和"旋转振动"的值

㉘ 在 0:00:02:00 处分别设置图 4.211 中所示三个参数的值为 0，让文字停止跳动归为原位。

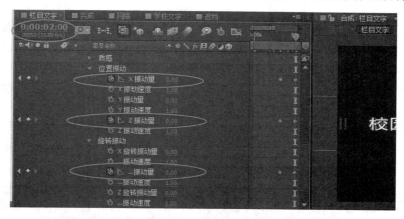

图 4-211　在 0:00:02:00 处设置三个参数的值

㉙ 新建工程"完成"，设置预置为 PAL D1/DV 格式，持续时间为 5 秒；拖动图片素材"2.bmp"，为图片添加特效"色相位/饱和度"，设置色调的值为 47°，完成背景的设置，如图 4-212 所示。

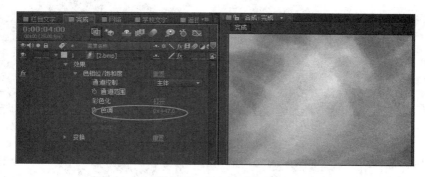

图 4-212　设置特效"色相位/饱和度"的参数值

提示

通过对现有素材调色以达到整体协调的目的是做片中常用的手法。新版本的 After Effects 软件的调色功能在某些程度上已经可以和 Photoshop 相媲美。

㉚ 依次拖入工程"网络"、"遮挡"、"学校文字"于 0:00:00:00 处，拖入工程"栏目文字"在 0:00:02:00 处，完成本例的制作，如图 4-213 所示。

图 4-213　拖入素材并排列

知识拓展

特效"卡片擦除"是一个变化繁多、在实际做片中经常用到的特效。在上例中只运用了其中部分参数，下面就一个实例来学习该特效的参数应用。

① 打开 After Effects，新建工程"文字 1"，设置预置为 Web 视频（320×240）格式，持续时间为 5 秒，如图 4-214 所示；新建固态层"黄色固态 1"，设置与工程相同的尺寸，如图 4-215 所示。

② 拖动固态层"黄色固态层 1"到时间线，用文字工具输入文字"影音综合实训教程"，设置字体为微软雅黑，字体大小为 40，字距为 11，颜色为墨绿色（R9 G65 B0），如图 4-216 所示。

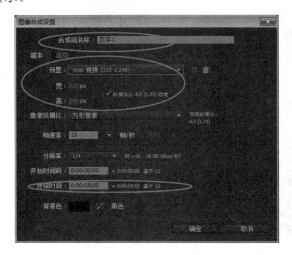

图 4-214　新建工程"文字 1"

图 4-215　新建固态层

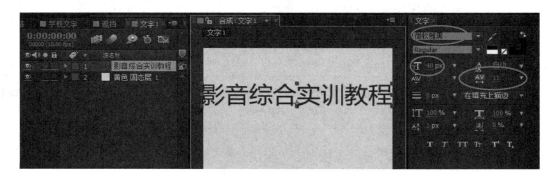

图 4-216　输入文字并设置属性

🔊 提示

设置上述字号和字距的目的是让文字两头都靠边，为下面的特效添加做准备。

③ 利用工程"文字 1"的副本制作工程"文字 2"，修改原固态层"黄色固态层 1"为墨绿色（R9 G65 B0）固态层，修改字体为微软雅黑，颜色改为黄色（R255 G255 B0），其余设置不变，如图 4-217 所示。

图 4-217　利用副本制作合成组"文字 2"

提示

修改固态层属性可以通过"图层—固态层设置"命令完成，或者直接按 Ctrl+Shift+Y 键。

④ 新建工程"文字变化"，设置预置为 Web 视频（320×240）格式，持续时间为 5 秒，拖动工程"文字 1"和"文字 2"到时间线，为工程"文字 1"添加特效"卡片擦除"，如图 4-218 所示。

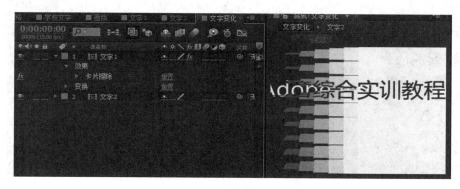

图 4-218　拖入素材并排列

⑤ 如图 4-219 所示为特效"卡片擦除"的参数设置。

图 4-219　特效"卡片擦除"的参数设置

⑥ 如图 4-220 所示为参数"位置振动"和"旋转振动"的值。

图 4-220　参数"位置振动"和"旋转振动"的值

⑦　在 0:00:00:00 处设置变换完成度的值为 0，如图 4-221 所示；在 0:00:03:05 处的设定值为 100%，如图 4-222 所示，让文字实现沿 X 轴翻转的效果。

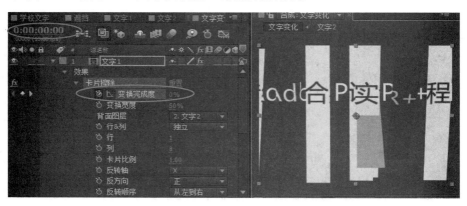

图 4-221　在 0:00:00:00 处设置特效的关键帧值

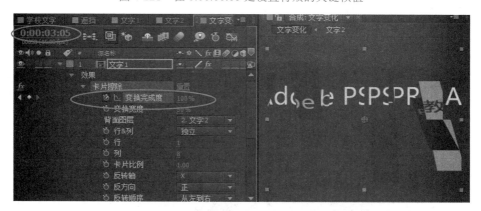

图 4-222　在 0:00:03:05 处设置特效的关键帧值

📢 提示

本例中有八个文字，所以设置列数为 8，这也是之前为何要让文字左右靠边的原因。

⑧ 新建工程"完成",设置预置为 Web 视频（320×240）格式,持续时间为 5 秒;新建黄色（R255 G255 B0）固态层"背景",设置与工程相同的尺寸,拖动固态层和工程"文字变化"到时间线,修改工程"文字变化"的缩放比例为 80%,完成本例的制作,如图 4-223 所示。

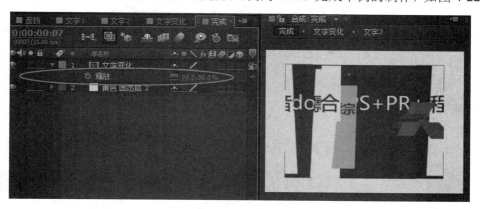

图 4-223 新建工程"完成"并排列素材

 总结与回顾

  本章通过"新闻片主持人背景"的制作,主要学习了 After Effects CS6 的综合运用。通过本片的制作可以看出,作为背景和片花部分的画面,要和片头、片尾在色调、风格、表现形式上相协调,背景要起到烘托主题的作用,所以色彩不宜太过复杂,变化不宜过多,以免喧宾夺主。

课后习题

  参考素材《课后练习》中的视频"卡片擦除特效",熟练掌握特效"卡片擦除"的各项参数设置。

操作提示

  首先创建新文件,使用文字工具创建文字,使用固态层创建背景,添加"卡片擦除"特效,设置好合适的参数和关键帧。具体可参考源文件。

第5章

合奏——Premiere +After Effects + Photoshop 影音编辑

5.1 儿童电子相册

知识概述

（1）能综合运用 Premiere 的各类操作技能完成影视片的制作。

（2）能综合运用 After Effects 的各类操作技能完成影视片的制作。

任务描述

作为专业的影视制作人员，不能仅满足于可以使用别人的电子相册模板，而要能开发出自己的模板。这里我们要开发一套适合 4～10 岁儿童的电子相册模板，规格为放置相片 12 张，要求画面精美细腻，体现较高的格调水平。

创意构思

4～10 岁的儿童正是对童话故事十分着迷的年龄，故可考虑通过与童话串接，以儿童第一人称叙述故事的方式来表现。

任务实施

1. 创作稿本

创作电子相册的分镜头稿本，如表 5-1 所示。

表 5-1 分镜头稿本

镜 号	画 面	解 说 词	音 乐
1	片头		春天花花幼儿园
2	在一片嫩绿的森林中，叠有儿童相片的树叶从森林远处飞来，叠画白雪公主与王子的图片	今天，我来到了白雪公主住过的森林	叮咚音乐
3	森林与彩虹图片的叠画 叠有儿童相片的气球飞到了彩虹上面 彩虹由远及近，叠画睡美人图	森林的尽头有好漂亮的彩虹， 我坐着气球飞到了彩虹上面， 发现里面住着睡美人	梦幻音乐
4	穿过挂有儿童相片的长长画廊，来到浪漫的童话谷，叠画睡美人与王子的图片 儿童相片顺着彩虹滑下	我指引着王子穿过长长的画廊，唤醒了睡美人， 他们很感谢我，欢迎我以后再来玩	梦幻音乐
5	彩虹图片与大海叠画 小美人鱼图片与儿童相伴一起从海底升起，同时海面印出儿童相片的涟漪 儿童相片从大到小，从近飞远	我顺着彩虹滑到了大海里 和小美人鱼一起跳舞	柔和音乐
6	儿童相片飞到一栋童话城堡 相册盖上封面	小美人鱼把我送回了家， 并祝我做个好梦	柔和音乐

2．素材准备工作

① 新建"儿童电子相册"文件夹，在文件夹中再新建文件夹"儿童相片"、"图片素材"、"视频素材"、"音频素材"，把事先准备好的素材放置到相应的文件夹中。

🔊 提示

在正式开发相册模板之前，要先把各类素材准备好。这也就意味着所开发模板使用的照片数量、照片形状和照片的尺寸大小都已经固定，这里就使用点点小朋友的照片来开发，所以本模板基于 12 张照片，其中横照片 4 张，竖照片 8 张。

② 先根据相片的横竖情况分类，分别新建两个文件夹，放置横照片和竖照片。

🔊 提示

模板开发出来是为了让自己和别人使用，所以要充分考虑到使用模板的人的使用方便性，这里包括替换照片的方便性。所以在开发的初始就要把照片的形状、名称和尺寸进行统一。

③ 用 Photoshop 软件来统一修改照片的尺寸和名称。修改横照片的尺寸为 720 像素×576 像素，名称从"h01.jpg"～"h04.jpg"；修改竖照片的尺寸为 385 像素×576 像素，名称从"s01.jpg"～"s08.jpg"。

3．开始工作

打开 After Effects，在"项目"窗口的空白位置双击，打开"导入素材"窗口，找到"E:\电子相册"，选择"儿童相片"文件夹，单击"Import Folder"按钮，把"儿童相片"文件夹素材导入到项目素材库中，用相同的方法把其余三个文件夹导入，如图 5-1 和图 5-2 所示。

图 5-1　"导入素材"窗口

图 5-2　素材被导入到"项目"窗口中

（1）镜头 1：片头

① 在项目素材库中新建文件夹"镜头一：片头"，单击"创建新工程"按钮，打开"工程设置"窗口。设置"背景"工程，设置为 PAL D1/DV 格式，持续时间为 25 秒，其余设置保持默认设置，单击"OK"按钮；选择"图层—新建—固态层"命令，创建一个固态层"渐变"，属性设置如图 5-3 和图 5-4 所示。

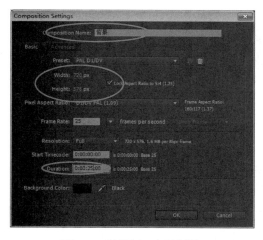

图 5-3　设置新工程的属性

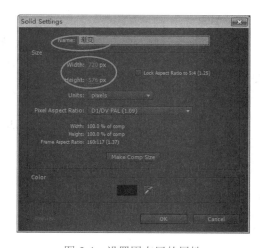

图 5-4　设置固态层的属性

② 在时间线中选中"渐变"层，右击，在弹出的快捷菜单中选择"Effect—Generate—Ramp"命令，特效参数设置如图 5-5 和图 5-6 所示，给图层添加嫩绿到白色的线形渐变。

③ 把项目素材库中"视频素材"文件夹中的背景文件拖到时间线，设置其 Scale 属性为（220%，200%），如图 5-7 所示。

④ 选中背景层，按 Ctrl+D 键两次，复制出另外两个背景层，如图 5-8 所示。

图 5-5　设置"渐变"特效的属性

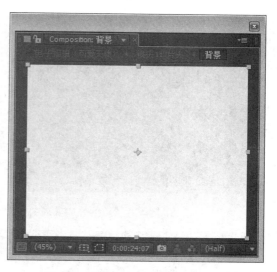

图 5-6　"渐变"特效的效果

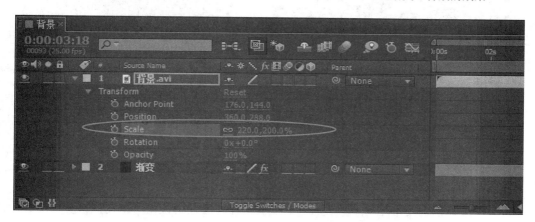

图 5-7　修改背景文件的缩放比例

图 5-8　复制背景层并排列

⑤ 设置三个背景层的叠加模式为"Overlay"，如果没有"Mode"按钮，则需单击"Toggle Switches/Modes"按钮切换，完成背景的制作，如图 5-9 和图 5-10 所示。

⑥ 新建工程"轨道"，设置宽度为 3000 像素，高度为 576 像素，时间为 25 秒。新建白色固态层，与工程"轨道"的参数设置相同，如图 5-11 和图 5-12 所示。

图 5-9　修改背景层的叠加模式

图 5-10　背景层的叠加效果

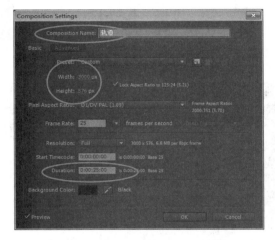

图 5-11　设置新工程"轨道"的属性

图 5-12　设置固态层的属性

⑦ 选择工具栏的矩形遮罩工具，修改固态层形状为长条状。给固态层添加"Bevel Alpha"特效，参数设置如图 5-13 和图 5-14 所示。

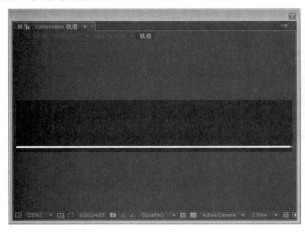

图 5-13　矩形遮罩工具绘制长条

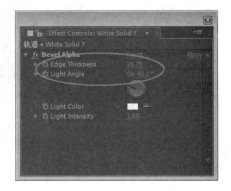

图 5-14　添加"Bevel Alpha"特效

⑧ 选择时间线中的固态层，按 Ctrl+D 组合键，复制一份，排列如图 5-15 所示。

图 5-15　复制长条并排列为轨道状

⑨ 新建工程"标题"，设置尺寸为 720×576，长度为 17 秒，新建黑色固态层"B1"，保持与工程相同的尺寸，参数设置如图 5-16 和图 5-17 所示。

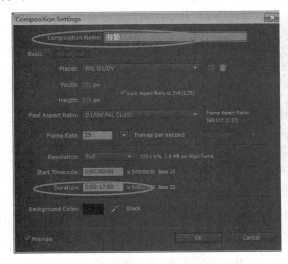

图 5-16　设置新工程"标题"的属性

图 5-17　设置固态层的属性

⑩ 用工具栏的文字工具输入英文字符"BABY"，设置字体为 Arial，拖动到固态层的下方，在该固态层上用钢笔工具绘制字母"B"的轮廓，如图 5-18 所示。

⑪ 依次新建三个黑色固态层，用钢笔工具分别创建出字母"A"、"B"、"Y"的轮廓，并依次排列在时间线上，删除参考文字层，如图 5-19 所示。

图 5-18　用钢笔工具绘制字母"B"的轮廓

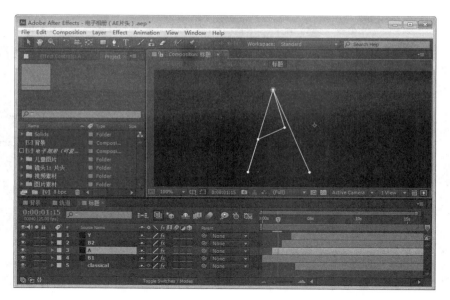

图 5-19　保留钢笔路径，删除参考文字层

⑫ 给 B1 层依次添加"3D Stoke"特效，设置颜色为粉红色，宽度为 15，添加"Bevel Alpha"特效，参数设置分别如图 5-20 和图 5-21 所示。

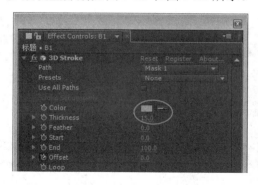

图 5-20　设置"3D Stroke"特效的参数　　　图 5-21　设置"Bevel Alpha"特效的参数

⑬ 给"3D Stroke"特效添加关键帧。在 0 秒和 1 秒时，Offset 的值分别为 100 和 0，如图 5-22 和图 5-23 所示。

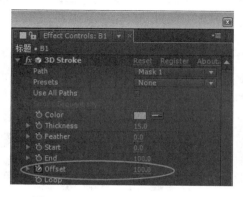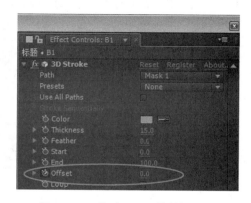

图 5-22　0 秒时 Offset 的关键帧值　　　图 5-23　1 秒时 Offset 的关键帧值

⑭ 复制"B1"层的两个特效,同时选中"A"层、"B2"层和"Y"层,按 Ctrl+V 键粘贴特效。修改"A"层的"3D Stroke"特效中的颜色为橘黄色;"B2"层的"3D Stroke"特效中的颜色为绿色,"Y 层"的"3D Stroke"特效中的颜色为蓝色,如图 5-24 所示。

图 5-24 复制特效到其他路径层并修改部分属性

⑮ 选择工具栏中的文本工具 **T**,在窗口中输入浅灰色文字"classical",字符属性如图 5-25 所示;并添加"基本 3D"和"投影"特效,特效参数设置如图 5-26 所示。

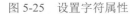

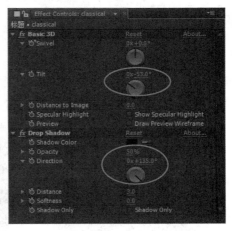

图 5-25 设置字符属性   图 5-26 "基本 3D"和"投影"特效的参数设置

⑯ 从 3 秒 10 帧处开始,给该层添加"位置"动画,修改值为(1000,0);设置 Offset 在 0:00:03:10 和 0:00:04:11 处的关键帧值为 0 和 100%,如图 5-27 和图 5-28 所示。

⑰ 新建工程"展板",设置尺寸为 720×1000,时长为 17 秒,其他设置保持默认设置。新建白色固态层,用矩形遮罩工具制作长方形,添加"边缘倒角"特效,设置硬度为 8.5,如图 5-29 和图 5-30 所示。

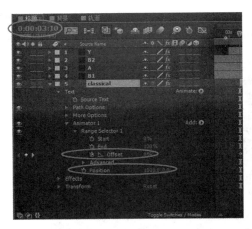

图 5-27　0:00:03:10 时的 Offset 关键帧值

图 5-28　0:00:04:11 时的 Offset 关键帧值

图 5-29　设置"边缘倒角"特效的参数

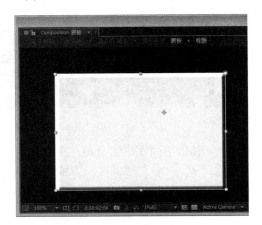

图 5-30　展板的效果

⑱ 新建黑色固态层，用椭圆遮罩工具制作正圆形，添加"边缘倒角"特效，设置硬度为 17.4，制作展板上的钉子，如图 5-31 和图 5-32 所示。

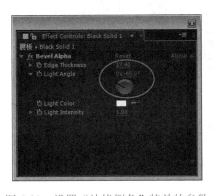

图 5-31　设置"边缘倒角"特效的参数

图 5-32　钉子的效果

⑲ 复制一份黑色固态层，拖动到展板的右侧，制作另一枚钉子。新建白色固态层，用矩形遮罩工具制作长条形状，添加"边缘倒角"特效，设置硬度为 29.1，添加"投影"特效，如图 5-33 和图 5-34 所示。

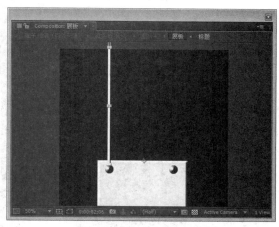

图 5-33　设置"边缘倒角和投影"特效的值　　　　　　图 5-34　展板杆的效果

⑳ 复制一份长条，移动到画面的右侧，这样就完成了展板的制作，最后的形状如图 5-35 所示。

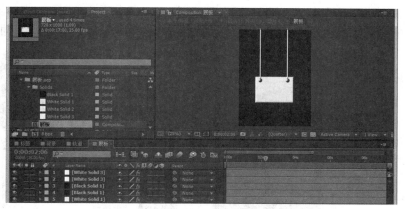

图 5-35　制作完成的相片展板效果

㉑ 拖入工程"标题"，用文字工具输入"经典"文字层，完成展板，如图 5-36 所示。

图 5-36　完成相片展板

㉒ 新建工程"图片 1"，设置尺寸为 720×1000，时长为 17 秒，其他参数保持默认设置。依次拖入工程"展板"和照片"h01.jpg"，把照片的尺寸调整合适，位置在展板上方，添加"投影"特效，如图 5-37 和图 5-38 所示。

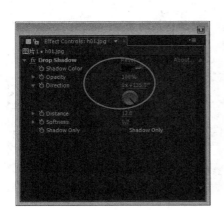

图 5-37　设置"投影"特效的值　　　　　图 5-38　相片展板的最终效果

㉓ 选择"项目"窗口中的工程"图片 1"，选择"编辑—副本"命令，或直接按 Ctrl+D 键复制一份工程副本，重命名为"图片 2"，双击打开工程"图片 2"，按住 Alt 键的同时拖动项目素材库的照片"h02.jpg"到时间线的"h01.jpg"，替换照片，如图 5-39 和图 5-40 所示。

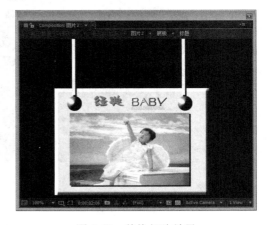

图 5-39　制作工程副本并修改名称　　　　　图 5-40　替换相片效果

㉔ 分别再复制出工程"图片 3"和"图片 4"，分别用相片"h03.jpg"和"h04.jpg"替换。新建工程"图片组"，设置尺寸为 1800×300，其他参数保持默认设置。依次拖入"图片 1"、"图片 2"、"图片 3"、"图片 4"，排列如图 5-41 所示。

㉕ 新建工程"爱宝贝，爱经典"，设置尺寸为 720×576，其他参数保持默认设置。用文字工具输入文字"爱宝贝，爱经典"，参数设置如图 5-42 所示。

㉖ 添加"位置"动画，设置位置为（0，-97），Offset 的关键帧在 0 秒和 2 秒分别为 0% 和 100%，如图 5-43 和图 5-44 所示。

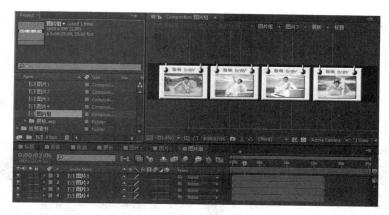

图 5-41 工程"图片组"的最终效果

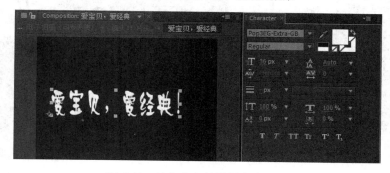

图 5-42 输入文字并设置字符属性

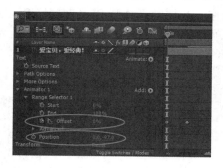

图 5-43 0 秒时的 Offset 关键帧值

图 5-44 2 秒时的 Offset 关键帧值

㉗ 按 Ctrl+D 组合键复制一份字符层，修改字符的属性为蓝色，仅边框色，描边粗细为 8，如图 5-45 所示。

图 5-45 修改字符属性

㉘ 复制一份"爱宝贝，爱经典"工程，修改副本的名称为"可爱的天使在人间"，修改文字为"可爱的天使在人间"，设置为白字桔边，其他参数设置保持不变。

㉙ 新建工程"镜头 1：片头"，设置尺寸为 720×576，其他参数保持默认设置。依次拖入工程"背景"、"轨道"、"图片组"、"标题"等，依据需要设置位置和缩放比例关键帧，制作出片头效果。把文件保存为"电子相册：可爱天使"，具体制作过程参考源文件，5 秒和25 秒时的片头效果如图 5-46 和图 5-47 所示。

图 5-46　5 秒时的片头效果　　　　　　图 5-47　25 秒时的片头效果

（2）镜头 2：森林

① 下面根据剧情的需要，用 Photoshop 制作一片树叶。打开 Photoshop CS6，新建文档，在"预设"下拉列表中选择"胶片和视频"选项，修改名称为"树叶 1"，背景为透明，如图 5-48 和图 5-49 所示。

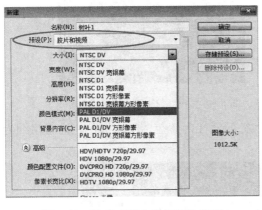 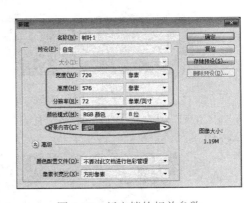

图 5-48　选择"胶片和视频"选项　　　　图 5-49　新文档的相关参数

② 选择自定义形状中的"叶子 5"选项，选择"路径"模式 ，在文档中绘制一片叶形，如图 5-50 和图 5-51 所示。

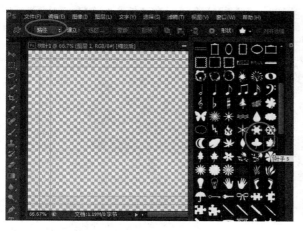

图 5-50 选择自定义形状中的"叶子 5"选项

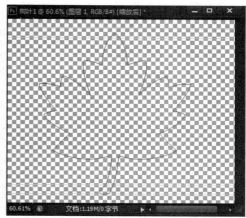

图 5-51 绘制树叶形状

③ 按 Ctrl+Enter 组合键，把路径转换为选区，设置前景色为嫩绿色（R220 G255 B28），背景为深绿色（R54 G172 B18），用渐变工具的线性渐变填充选区，如图 5-52 所示。

④ 按 Ctrl+D 组合键取消选区，双击图层弹出"图层样式"对话框，添加"斜面与浮雕"样式，设置大小为 15，软化为 10，完成后以 PSD 格式保存到"图片素材"文件夹中，如图 5-53 和图 5-54 所示。

⑤ 为了配合剧情，再给森林场景增加一些效果。用 Photoshop 打开图片素材中的图片"白雪公主.jpg"，修改图像大小为 720×576，双击背景图层，修改为普通图层，并把人物抠出到透明背景上，分别保存为 PSD 格式，如图 5-55 和图 5-56 所示。

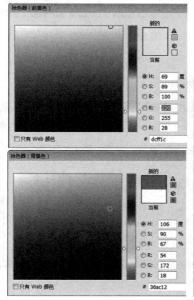

图 5-52 用渐变色填充树叶

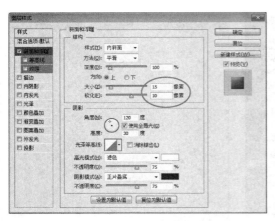

图 5-53　添加"斜面和浮雕"图层样式

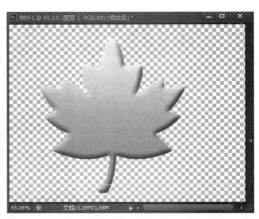

图 5-54　完成的树叶效果

图 5-55　修改图片素材的尺寸

图 5-56　抠出人物效果

⑥ 新建文档，设置宽度为 720 像素，高度为 576 像素，背景内容为透明。用矩形选区工具绘制一个矩形选区，填充白色，如图 5-57 和图 5-58 所示。

图 5-57　新建文档

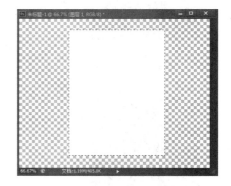

图 5-58　绘制白色矩形

⑦ 选择"选择—修改—收缩"命令，在弹出的"收缩选区"对话框中设置收缩量为 20 像素，然后按 Delete 键删除中间部分，如图 5-59 和图 5-60 所示。

⑧ 取消选区，选择"滤镜—滤镜库"命令，在滤镜库中选择"纹理化"选项，设置纹理为画布，为边框添加纹理效果，再为图层添加"斜面和浮雕"图层样式，参数保持默认设置，

如图 5-61 和图 5-62 所示。

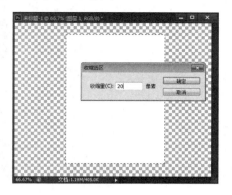

图 5-59 "收缩选区"对话框

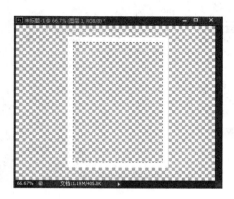

图 5-60 制作白色边框

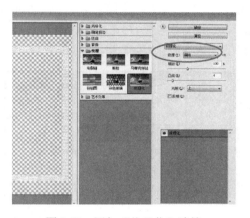

图 5-61 添加"纹理化"滤镜

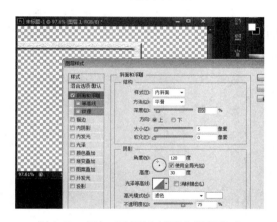

图 5-62 添加"斜面和浮雕"图层样式

⑨ 选择工具栏的移动工具，按住 Alt 键的同时拖动边框，把复制出的边框等比例缩小到内圈的一层，如图 5-63 和图 5-64 所示。

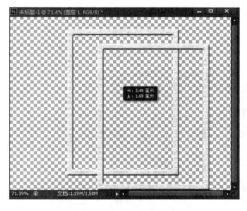

图 5-63 复制边框

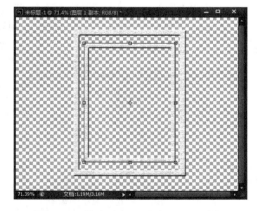

图 5-64 修改边框尺寸实现双层边框

⑩ 选择自定义形状工具中的图案"花 4"，选择路径模式，在文档中边框的右下角绘制花朵形状，如图 5-65 和图 5-66 所示。

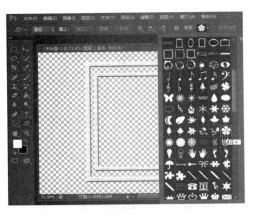

图 5-65　选择自定义形状

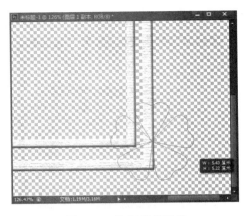

图 5-66　绘制花朵形状

⑪ 新建图层，按 Ctrl+Enter 组合键把路径转换为选区，设置前景色为蓝色（R60 G147 B208），背景色为浅蓝色（R228 G240 B248），用渐变工具的线性渐变模式由上往下填充，取消选区后添加"斜面和浮雕"图层样式，参数保持默认设置，如图 5-67 和图 5-68 所示。

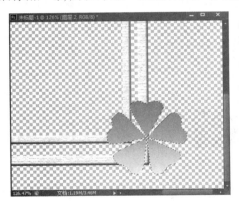

图 5-67　用渐变色填充花朵形状

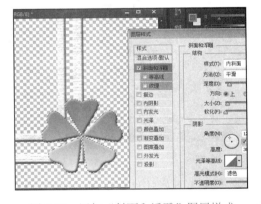

图 5-68　添加"斜面和浮雕"图层样式

⑫ 把花朵层复制一份，缩小一些放置在边框的右下角，合并所有图层后，完成相框的制作，保存为 PSD 格式的文件，保存位置为"E:\儿童电子相册"中的"图片素材"文件夹中，如图 5-69 和图 5-70 所示。

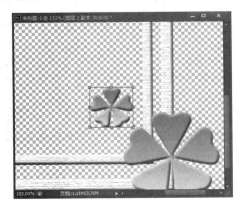

图 5-69　复制一份花朵层

图 5-70　合并所有图层

⑬ 打开 Premiere Pro CS6，设置文件为 PAL 48kHz 格式，保存在"儿童电子相册"文件夹中，名称为"儿童电子相册"。把所有素材都导入到项目素材库中，如图 5-71 和图 5-72 所示。

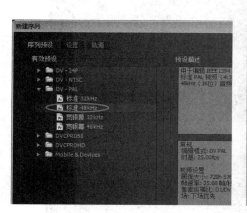

图 5-71 新建 Premiere 序列

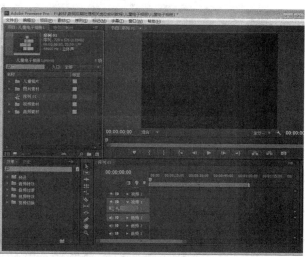

图 5-72 打开的界面

⑭ 在项目素材库中右击"序列一"选项，在弹出的快捷菜单中选择"重命名"命令，或直接在名称上单击，修改序列名为"树叶 1"，导入"E:\儿童电子相册"中的所有文件夹到素材库中，在弹出的"导入分层文件：树叶"对话框中保持默认设置，单击"确定"按钮，如图 5-73 和图 5-74 所示。

图 5-73 重命名序列

图 5-74 导入 PSD 格式的素材

对于分层的图片素材，After Effects 会询问是分层导入，还是合在一起导入。这要根据具体的情况来判断。这里树叶只有一层，所以不论选哪种，都不会受到影响。

⑮ 拖动图片"树叶 1"到"视频 1"，再拖动照片"s01.jpg"到"视频 2"，同时拖长到 30 秒，修改照片的缩放比例为 60，如图 5-75 所示。

⑯ 为照片添加"羽化边缘"特效，拖动到照片上，单击"特效设置"按钮，设置羽化值为 60，如图 5-76 所示。

⑰ 在素材库的时间线"树叶 1"上右击，在弹出的快捷菜单中选择"副本"命令，修改"树叶 1 副本"为"树叶 2"，双击打开时间线"树叶 2"，拖动照片"s02.jpg"到视频 3 轨，复

数字影音编辑与合成（Premiere Pro CS6 + After Effects CS6）

制 "s01.jpg"，把属性粘贴到 "s02.jpg" 上，然后删除 "s01.jpg"，如图 5-77 所示。

图 5-75 "树叶 1" 序列

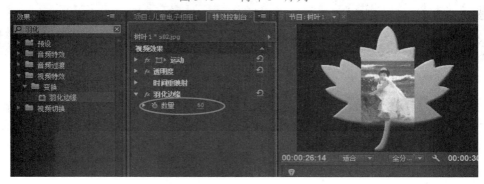

图 5-76 为照片添加 "羽化边缘" 特效

图 5-77 复制照片属性

⑱ 用同样的方法制作出时间线 "树叶 3"，使用照片 "s03.jpg"。新建时间线 "镜头 2：森林"，把文件夹 "视频素材" 中的视频文件 "森林.MOV" 拖入视频 1 轨，放大缩放比例到 120%使其满屏，再右击文件，在弹出的快捷菜单中选择 "速度/持续时间" 命令，在弹出的 "素材速度/持续时间" 对话框中修改持续时间为 30 秒，如图 5-78 和图 5-79 所示。

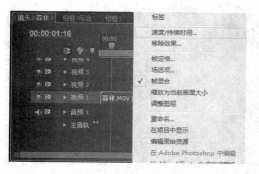

图 5-78　选择"速度/持续时间"命令　　　　图 5-79　修改持续时间为 30 秒

⑲ 拖动时间线"树叶 1"到视频 2 轨，打开参数"位置"、"缩放比例"、"旋转"、"透明度"前的关键帧，分别在 00:00:00:00、00:00:04:00、00:00:06:00 和 00:00:08:00 处设置参数，如图 5-80～图 5-83 所示。

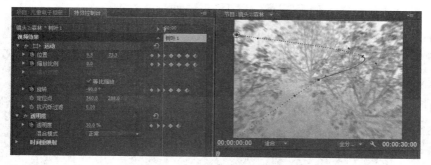

图 5-80　00:00:00:00 处的关键帧参数

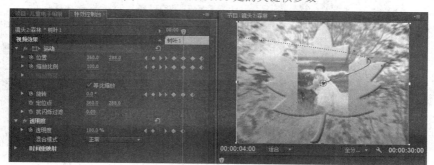

图 5-81　00:00:04:00 处的关键帧参数

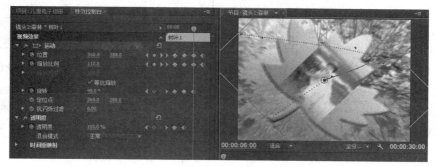

图 5-82　00:00:06:00 处的关键帧参数

图 5-83　00:00:08:00 处的关键帧参数

⑳　在 00:00:08:00 处拖入序列"树叶 2"到视频 3 轨，复制"树叶 1"的所有属性到"树叶 2"，在 00:00:16:00 处拖入序列"树叶 3"到视频 4 轨，复制"树叶 1"的所有属性到"树叶 3"，这样就完成了森林里飘来嫩叶的主要场景，如图 5-84 所示。

图 5-84　复制属性并依次排列序列

这里所设置的位置、缩放比例、旋转和透明度的关键帧，只是为了模拟树叶飘来的效果，在具体制作过程中，可以根据自己的喜好调节，音频轨道上的音频可以删除。

㉑　在 00:00:10:00 处拖动"白雪公主.psd"到视频 5 轨，修改其透明度为 50%，在 00:00:10:00 时位于画面的右外侧，在 00:00:15:00 处位于画面的左外侧，如图 5-85 和图 5-86 所示。

㉒　把"白雪公主.psd"拖动到"树叶 1"的下方，把所有视频轨道的文件都拖动在 00:00:30:00 处结束，完成森林场景的制作，如图 5-87 所示。

 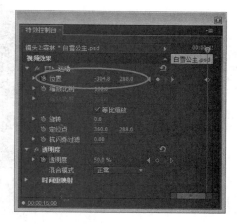

图 5-85　00:00:10:00 处的关键帧参数　　　　图 5-86　00:00:15:00 处的关键帧参数

图 5-87　序列"镜头 2：森林"的完成界面

（3）镜头 3：彩虹画廊

① 新建序列，名为"镜头 3：彩虹画廊"，拖入视频素材"背景.avi"，放大尺寸到满屏，如图 5-88 和图 5-89 所示。

 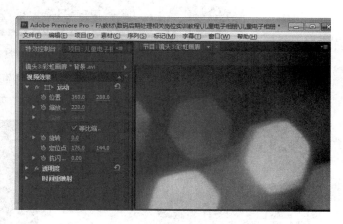

图 5-88　新建序列"镜头 3：彩虹画廊"　　　图 5-89　拖动视频素材到时间线并设置尺寸

② 选择"视频特效—色彩校正—亮度与对比度"命令到视频文件上，修改亮度为 100，对比度为-75，把背景设置成浅色，如图 5-90 所示。

③ 右击视频文件，在弹出的快捷菜单中选择"速度/持续时间"命令，在弹出的"素材速度/持续时间"对话框中修改持续时间为 30 秒，如图 5-79 所示。这样就把"镜头 3：彩虹画廊"片段的总时间设置成了 30 秒。

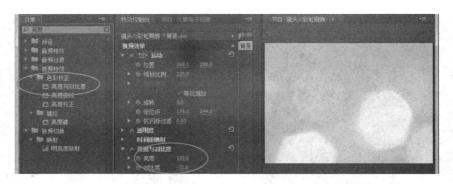

图 5-90　设置"亮度与对比度"的值

知识拓展

在影视片的制作过程中，节奏的把握非常重要。在创作影视稿本的时候就要对整部影片和每个段落所占据的时间有整体把握，不能随心所欲地想到哪里就做到哪里。静态图片的展示时间不宜过长，避免引起视觉疲劳，一般静止不动处两秒即可。

④ 新建序列"相框 1"，拖动照片"s04.jpg"到视频 1 轨，拖入图片素材"相框.psd"到视频 2 轨，把两张图片的长度均拖动到 00:00:10:00 时，把照片的缩放比例适当缩小，调整位置使其处于相框的中间，如图 5-91 所示。

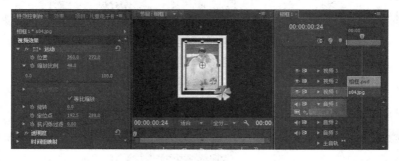

图 5-91　制作相框照片效果

⑤ 用同样的方法完成序列"相框 2"和"相框 3"，分别放置照片"s05.jpg"和"s06.jpg"，照片的属性可以复制"s04.jpg"的属性，如图 5-92 和图 5-93 所示。

图 5-92　制作"相框 2"并粘贴属性

图 5-93　"相框 3"的完成效果

⑥ 新建序列"相框 1 综合"，拖动照片"s04.jpg"到视频 1 轨，拖长到 10 秒，移动位置到最左边，添加"羽化边缘"、"垂直保持"和"4 点无用信号遮罩"特效，设置羽化值为 15，制作照片向下滚动的效果，如图 5-94 所示。

图 5-94　照片的综合滤镜效果

⑦ 拖动序列"相框 1"到视频 2 轨的 00:00:00:00 时，修改缩放比例为 70，单击参数"位置"和"旋转"前的"关键帧控制"按钮，在 00:00:00:00 处设置位置的关键帧为（530.2，299.2），旋转角度为 20°；在 00:00:03:00 处设置位置的关键帧为（608.7，369.1），旋转角度为 60°，如图 5-95 和图 5-96 所示。

图 5-95　00:00:00:00 处的关键帧参数

图 5-96　00:00:03:00 处的关键帧参数

⑧ 在轨道名称处右击，在弹出的快捷菜单中选择"增加轨道"命令，在弹出的"增加视音轨"对话框中增加一条视频道，不增加音频轨，如图 5-97 和图 5-98 所示。

⑨ 为"相框 1"的开头增加一秒的"附加叠化"特效，复制视频 2 轨上的"相框 1"，选

择视频 3 轨和视频 4 轨粘贴，把各轨上的"相框 1"间隔一秒排列，如图 5-99 所示。

图 5-97　选择"添加轨道"命令

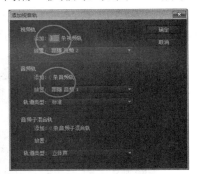
图 5-98　添加一条视频轨

图 5-99　复制并排列时间线上的序列

⑩ 修改视频 3 轨上"相框 1"的透明度为 60%，视频 2 轨上"相框 1"的透明度为 30%，制作出相框渐隐的效果，如图 5-100 所示。

图 5-100　修改序列的透明度

⑪ 用同样的方法制作出序列"相框 2 综合"和"相框 3 综合"，小相框照片分别呈现曲线形和直线形，如图 5-101 和图 5-102 所示。

图 5-101　序列"相框 2 综合"的效果

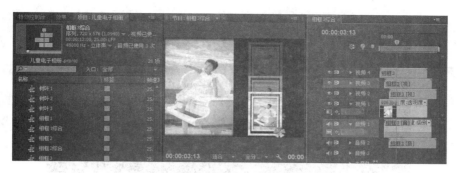

图 5-102 序列"相框 3 综合"的效果

⑫ 回到序列"镜头 3：彩虹画廊"，依次拖入"相框 1 综合"、"相框 2 综合"和"相框
3 综合"到视频 2 轨，每段保留 10 秒，两段相交处添加"交叉溶解"特效，设置持续时间为两
秒，居中在切口，完成"镜头 3：彩虹画廊"的制作，如图 5-103 所示。

图 5-103 序列"镜头 3：彩虹画廊"的最终效果

（4）镜头 4：大海

① 新建序列"镜头 4：大海"，拖动视频素材"海洋.MOV"到视频 1 轨，可以看到视频
的长度为 10 秒。选择工具栏的比例伸展工具，直接把视频拉伸到 15 秒处，这时，视频播放
的速度被放慢；通过选择"速度/持续时间"命令，在弹出的"素材速度/持续时间"对话框中
进行设置也可以看到，视频的持续时间已经被调整。这两种方法都可以用来修改视频的播放速
度，如图 5-104 和图 5-105 所示。

图 5-104 用比例伸展工具拉伸素材　　图 5-105 在"素材速度/持续时间"对话框中调整

② 把素材的缩放比例放大至 120%，把视频 1 轨上的视频复制一份到视频 2 轨，给视频 2
轨上的素材添加"裁剪"特效，调整顶部裁剪为 50%，修改透明度为 50%，关闭视频 1 轨的可
视，可以看到，上层素材只保留了海面部分，如图 5-106 所示。

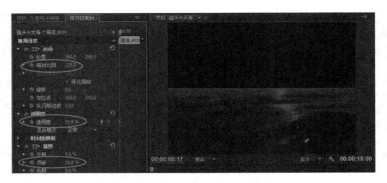

图 5-106　大海的综合特效

③ 把视频 2 轨的视频拖动到视频 4 轨，打开视频 1 轨的可视，拖动照片 "s07.jpg" 到视频 2 轨，缩小其缩放比例为 70%，放置在画面的左边，控制其持续时间为从 00:00:00:00～00:00:05:00，在 00:00:01:00 处设置其位置关键帧为（200，500），在 00:00:03:00 处为（200，250），完成照片出水的效果，如图 5-107 和图 5-108 所示。

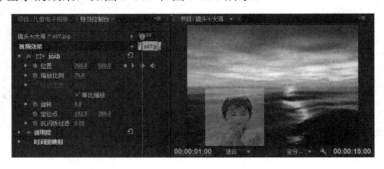

图 5-107　00:00:00:00 处照片的位置关键帧值

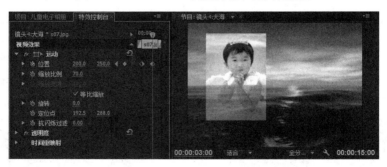

图 5-108　00:00:03:00 处照片的位置关键帧值

④ 把图片素材中的照片 "小美人鱼 1.jpg" 用 Photoshop 进行处理，把人物抠出到透明背景上，并保存为 "小美人鱼 1.psd"，导入到 Premiere 的项目素材库中，拖动到视频 3 轨，控制其持续时间为从 00:00:00:00～00:00:05:00，在 00:00:01:00 处，设置其位置关键帧为（500，500），在 00:00:03:00 处为（500，250），完成美人鱼和点点一同出水的效果，如图 5-109 和图 5-110 所示。

⑤ 按 Ctrl+D 组合键为视频 2 轨和视频 3 轨的素材开头和结尾分别添加一秒的 "附加叠化" 特效，实现淡入淡出，如图 5-111 所示。

图 5-109　加工图片素材"小美人鱼 1.psd"

图 5-110　制作图片出水效果

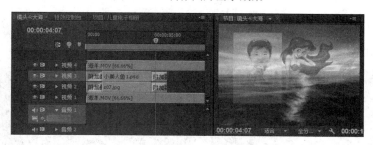

图 5-111　添加"附加叠化"特效实现图片淡入淡出

⑥ 用同样的方法实现 00:00:05:00～00:00:10:00 照片"s08.jpg"和"小美人鱼 2.psd"图片的出水效果；实现 00:00:10:00～00:00:15:00 照片"h01.jpg"和"小美人鱼 3.psd"图片的出水效果，如图 5-112 和图 5-113 所示。

图 5-112　"小美人鱼 2.psd" 的出水效果

图 5-113　"小美人鱼 3.psd" 的出水效果

（5）镜头 5：回家

① 新建序列"镜头 5：回家"，拖动图片素材"房子.jpg"到视频 1 轨，修改其缩放比例为 120%，拖动图片长度到 10 秒，如图 5-114 所示。

图 5-114　修改背景"房子.jpg"的比例

② 拖动照片 "h01.jpg" 到视频 2 轨，拖长照片到 10 秒，在 00:00:02:00、00:00:04:00、00:00:06:00 处分别设置图片的位置、缩放比例、透明度（00:00:05:00 时透明度的参数为 100）和基本 3D 数，如图 5-115 至图 5-117 所示。

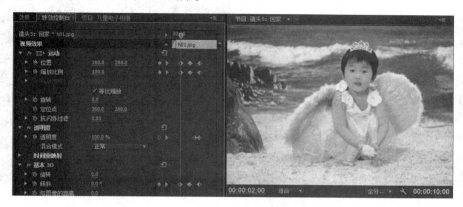

图 5-115　照片在 00:00:02:00 处的关键帧值

图 5-116　照片在 00:00:04:00 处的关键帧值

图 5-117　照片在 00:00:06:00 处的关键帧值

③ 在 00:00:06:00 处新建字幕文件 "片尾"，设置字体为 HYWaWa，字体大小为 50，行距为 40，文字颜色为白色，设置黑色阴影；设置完毕把字幕拖动到视频 3 轨的 00:00:06:00 处，在字幕的开始添加 "交叉溶解" 转场，如图 5-118 和图 5-119 所示。

图 5-118　添加"交叉溶解"较场并设置字符属性　　　图 5-119　实现字幕的效果

（6）电子相册串册

① 本电子相册因为涉及 After Effects 和 Premiere 两种软件，所以要先在 After Effects 模板中输出片头，其次把片头导入到 Premiere 模板中，最后打开 Premiere 模板 "E:\儿童电子相册"中的"儿童电子相册"，导入刚刚合成完毕的影视文件"镜头 1：片头"。新建时间线"儿童电子相册"，依次拖入"镜头 1：片头"、"镜头 2：森林"、"镜头 3：彩虹画廊"、"镜头 4：大海"和"镜头 5：回家"，断开音视频链接并删除所有音频，如图 5-120 所示。

图 5-120　导入所有序列

② 为所有的视频段落头尾添加"淡入淡出"转场，为相册添加背景音乐和童声故事配音，设置好背景音乐的淡入淡出，完成模板的制作，如图 5-121 所示。

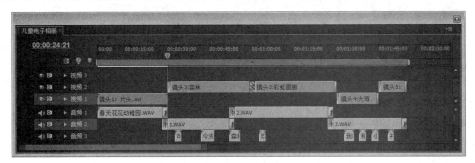

图 5-121　添加音频和转场"淡入淡出"

212

总结与回顾

　　本章通过"儿童电子相册"的制作，主要学习了 After Effects CS6 和 Premiere CS6 的综合运用。通过本片的制作可以看出，两个软件各有所长，After Effects CS6 比较适合用来做片头，Premiere CS6 比较适合做剪辑，在实际做片中要能充分利用两种软件的互补，学会融合两种软件的优点。

 课后习题

利用素材中《婚庆电子相册》中的图片素材，完成一部电子相册模板。
参考画面：

5.2　上海世博会宣传片

知识概述

（1）能综合运用 Premiere CS6 的各类操作技能完成影视片的制作。
（2）能综合运用 After Effects CS6 的各类操作技能完成影视片的制作。

任务描述

　　2010 年世界博览会在中国上海举办，上海世博会的主题是"城市，让生活更美好"，这是全球瞩目的重大活动。现在安排你为上海世博会制作一部宣传片，向全世界的人们展示中国的魅力。

◎创意构思

越是复杂的影片，就越要用简单的手法来表现。本片的片头部分用 After Effects CS6 特效制作立体盒子，六面的立体表现出全世界统一体的象征意义。片头中穿插快速插入的英文字符，体现出城市快节奏的风格。片中主要运用镜头剪辑、画面切换来表现上海，通过纯粹的画面语言来反映本次世博会的主题精髓。

◎任务实施

1. 片头制作

① 打开 After Effects CS6，新建工程"图 1"，设置预置为 Custom，宽度为 250 像素，高度为 250 像素，持续时间为 8 秒，如图 5-122 所示。

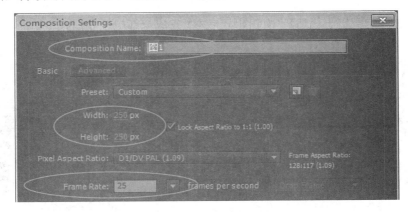

图 5-122　新建工程"图 1"

② 拖动素材图片"01.jpg"到时间线，设置位置为（125，125）；缩放比例均为 34%，如图 5-123 所示。

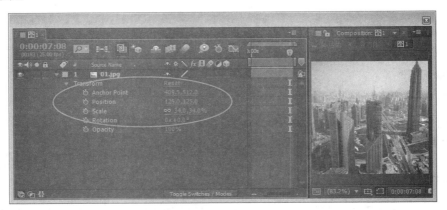

图 5-123　拖入素材并设置位置和缩放比例的值

③ 新建工程"图 2"，设置预置为 Custom，宽度为 250 像素，高度为 250 像素，持续时间为 8 秒；拖动素材图片"02.jpg"到时间线，设置位置为（-167，125），缩放比例为 90%，如图 5-124 所示。

图 5-124 新建工程"图 2"并设置素材的位置和缩放比例

④ 新建工程"图 3"，设置预置为 Custom，宽度为 250 像素，高度为 250 像素，持续时间为 8 秒；拖动素材图片"03.jpg"到时间线，设置位置为（-169，125），缩放比例为 91%，如图 5-125 所示。

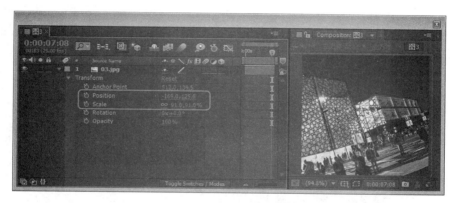

图 5-125 新建工程"图 3"并设置素材的位置和缩放比例

⑤ 新建工程"图 4"，设置预置为 Custom 格式，宽度为 250 像素，高度为 250 像素，持续时间为 8 秒；拖动素材图片"04.jpg"到时间线，设置位置为（125，125），缩放比例为 33%，如图 5-126 所示。

图 5-126 新建工程"图 4"并设置素材的位置和缩放比例

⑥ 新建工程"图 5"，设置预置为 Custom，宽度为 250 像素，高度为 250 像素，持续时

间为 8 秒；拖动素材图片"05.jpg"到时间线，设置位置为（125，125），缩放比例为 41%，如图 5-127 所示。

图 5-127　新建工程"图 5"并设置素材的位置和缩放比例

⑦ 新建工程"图 6"，设置预置为 Custom，宽度为 250 像素，高度为 250 像素，持续时间为 8 秒；拖动素材图片"06.jpg"到时间线，设置位置为（125，125），缩放比例为 41%，如图 5-128 所示。

图 5-128　新建工程"图 6"并设置素材的位置和缩放比例

⑧ 新建工程"立方体"，设置预置为 PAL D1/DV 格式，持续时间为 8 秒，如图 5-129 所示。

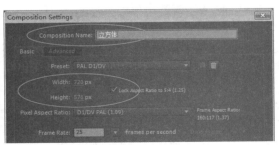

图 5-129　新建工程"立方体"

⑨ 依次拖动工程"图 1"、"图 2"、"图 3"、"图 4"、"图 5"、"图 6"到时间线，打开所有层的 3D 开关；选中层"图 1"，用矩形遮罩工具沿画面边缘绘制遮罩，把遮罩复制

到所有层，如图 5-130 所示。

图 5-130 打开所有层的 3D 开关并绘制矩形遮罩

⑩ 设置各层的旋转参数，如图 5-131 所示。

⑪ 设置各层的位置参数，如图 5-132 所示。

图 5-131 分别设置各层的旋转参数

图 5-132 分别设置各层的位置参数

⑫ 选中层"图 1"，添加特效"Stroke"和"Glow"，参数设置如图 5-133 所示。

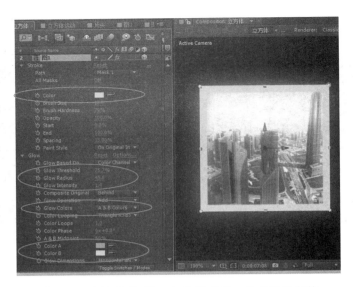

图 5-133 添加特效 "Stroke" 和 "Glow" 并设置参数

⑬ 新建 "摄像机" 图层，参数保持默认设置，如图 5-134 所示。

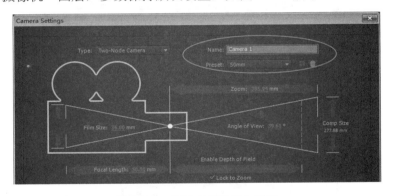

图 5-134 新建 "摄像机" 图层

⑭ 在 0:00:00:00 处单击参数 "位置" 前的 "关键帧触发" 按钮，设置其值为（360，288，–1094），如图 5-135 所示。

图 5-135 在 0:00:00:00 处设置位置的关键帧值

⑮ 在 0:00:00:15 处设置"位置"的关键帧值为（−377.7，226，−736），如图 5-136 所示。

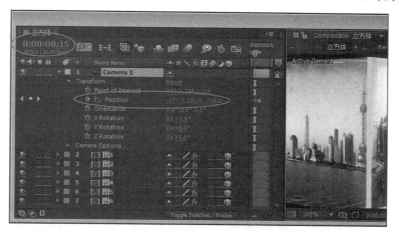

图 5-136　在 0:00:00:15 处设置位置的关键帧值

⑯ 在 0:00:01:05 处设置位置的关键帧值为（−155.7，984.2，627.6），如图 5-137 所示。

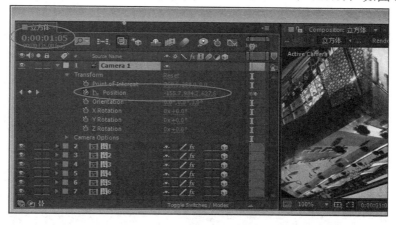

图 5-137　在 0:00:01:05 处设置位置的关键帧值

⑰ 在 0:00:01:20 处设置位置的关键帧值为（1260.3，603.9，356.4），如图 5-138 所示。

图 5-138　在 0:00:01:20 处设置位置的关键帧值

⑱ 在 0:00:02:10 处设置参数位置的关键帧值为（786.7，-644.5，-330.8），如图 5-139 所示。

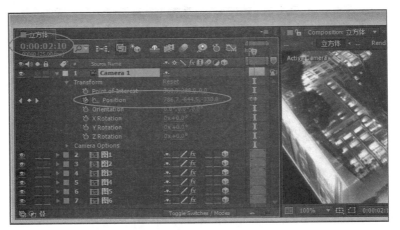

图 5-137　在 0:00:02:10 处设置位置的关键帧值

⑲ 在 0:00:03:00 处设置位置的关键帧值为（-274.5，-172.7，-709.1），如图 5-140 所示。

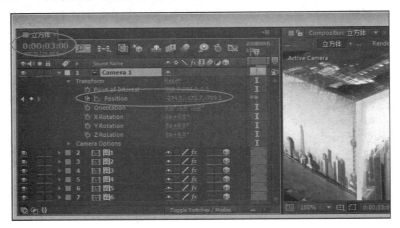

图 5-140　在 0:00:03:00 处设置位置的关键帧值

⑳ 新建工程"立方体运动"，设置预置为 PAL D1/DV 格式，持续时间为 8 秒，如图 5-141 所示。

图 5-141　新建工程"立方体运动"

㉑ 拖动工程"立方体"运动到时间线窗口，打开 3D 开关，在 0:00:00:00 处单击参数"位置"前的"关键帧触发"按钮，设置其值为（74.2，288，-840.2）；添加特效"Drop Shadow"，参数保持默认设置，如图 5-142 所示。

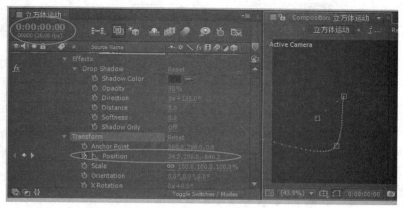

图 5-142　添加特效"Drop Shadow"并设置参数

㉒ 在 0:00:01:00 处设置位置的关键帧值为（158.6，529.4，869.9），如图 5-143 所示。

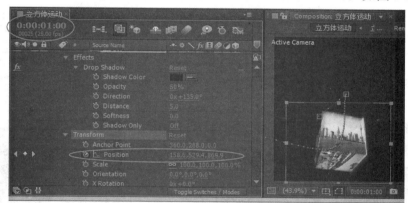

图 5-143　在 0:00:01:00 处设置位置的关键帧值

㉓ 在 0:00:02:00 处设置位置的关键帧值为（134.8，121.3，1846.4），如图 5-144 所示。

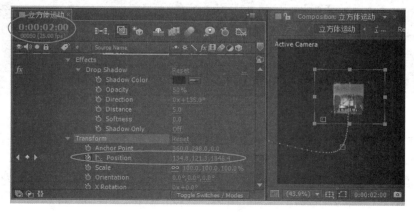

图 5-144　在 0:00:02:00 处设置位置的关键帧值

㉔ 在 0:00:02:01 处再为位置添加一个关键帧值（134.8，121.3，1846.4），设置该关键帧为 Easy In，如图 5-145 所示。

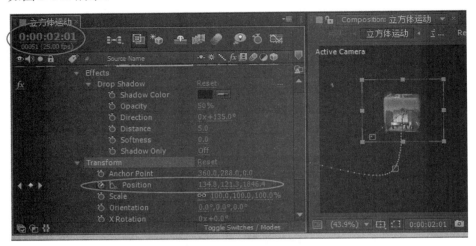

图 5-145　在 0:00:02:01 处设置位置的关键帧值

提示

先设置好关键帧，再在关键帧上右击，在弹出的快捷菜单中，选择"Easy In"命令。

㉕ 在 0:00:02:04 处设置位置的关键帧值为（134.8，318.3，218.1），完成立方体的运动轨迹，如图 5-146 所示。

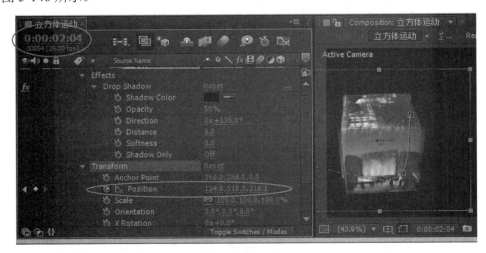

图 5-146　在 0:00:02:04 处设置位置的关键帧值

㉖ 新建工程"背景"，设置预置为 PAL D1/DV 格式，持续时间为 8 秒，如图 5-147 所示；新建固态层"渐变"，设置与工程相同的尺寸，如图 5-148 所示。

㉗ 为固态层"渐变"添加"渐变"特效，设置开始位置为（0，576），开始色为淡黄色（R255 G137 B288），结束位置为（720，-2.2）；结束色为橙色（R255 G162 B0），如图 5-149 所示。

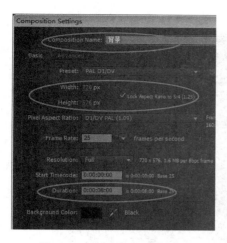
图 5-147 新建工程"背景"

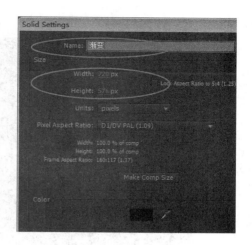
图 5-148 新建固态层"渐变"

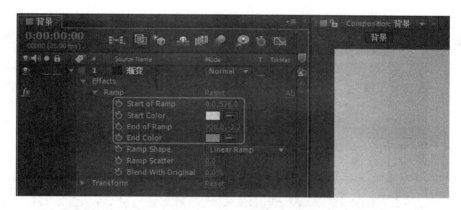
图 5-149 添加"渐变"特效并设置参数

㉘ 新建固态层"光晕"，设置与工程相同的尺寸，添加"光晕"特效，设置光晕中心为
（677.8，34.6），其他参数保持默认设置，设置"光晕"层的叠加模式为 Overlay，如图 5-150
所示。

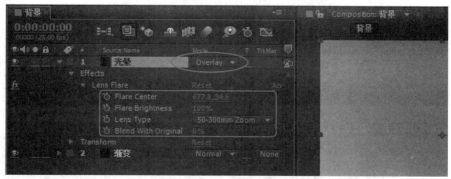
图 5-150 添加"光晕"特效并设置参数

㉙ 新建工程"字符"，设置预置为 PAL D1/DV 格式，持续时间为 8 秒；新建固态层，设
置与工程相同的尺寸，添加"路径文字"特效，设置填充色为白色（R255 G255 B255），大小
为 50；在 0:00:00:00 处单击参数"可视字符"前的关键帧触发按钮，设置参数为 0，如图 5-151

数字影音编辑与合成（Premiere Pro CS6 + After Effects CS6）

所示。

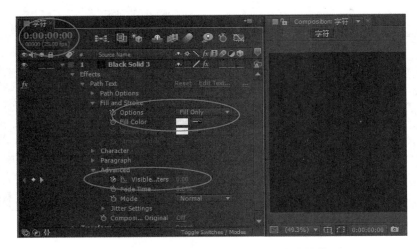

图 5-151　在 0:00:00:00 处设置可视字符的值

㉚ 在 0:00:01:00 处设置可视字符为 5，如图 5-152 所示。

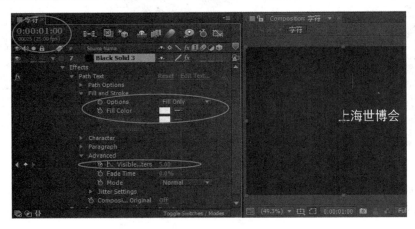

图 5-152　在 0:00:01:00 处设置可视字符的值

㉛ 使用文字工具输入五行字符，如图 5-153 所示，注意文字的位置排列。

图 5-153　输入装饰字符

224

㉜ 在 0:00:01:00 处单击参数"位置"前的"关键帧触发"按钮，设置 X 值均为 725，如图 5-154 所示。

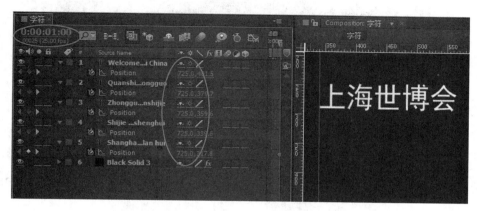

图 5-154　在 0:00:01:00 处设置所有层的位置值

㉝ 在 0:00:01:10 处设置所有文字层位置的 X 值均为 339，如图 5-155 所示。

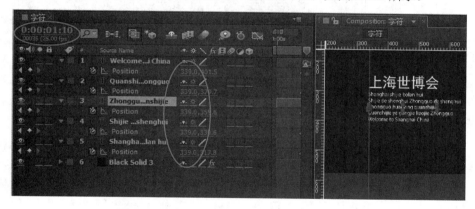

图 5-155　在 0:00:01:10 处设置所有层的位置值

㉞ 把所有字符层的关键帧参数依次往后拖动，让上一层的第一个关键帧和下一层的第二个关键帧在同一位置，实现字符依次出现的效果，如图 5-156 所示。

图 5-156　依次排列各字符层的位置

㉟ 在 0:00:01:15 处拖动素材图片"花纹.psd"到时间线窗口，添加遮罩，单击参数"遮罩"前的"关键帧触发"按钮，设置遮罩形状为线性，如图 5-157 所示。

图 5-157　在 0:00:01:15 处设置遮罩的形状

㊱ 在 0:00:03:00 处修改遮罩形状为矩形，让全部花纹显示完全，如图 5-158 所示。

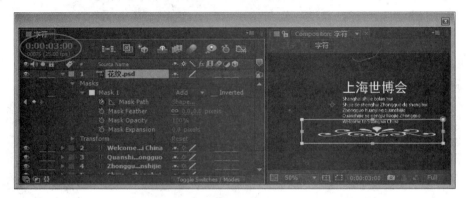

图 5-158　在 0:00:03:00 处设置遮罩的形状

㊲ 新建工程"片头"，设置预置为 PAL D1/DV 格式，持续时间为 8 秒；依次拖动工程"背景"、"立方体运动"、"字符"到时间线窗口，设置"背景"层上方的"立方体运动"层的透明度为 30%；新建固态层"覆盖层"，设置与工程相同的尺寸，叠加模式为"Overlay"；在 0:00:03:00 处单击参数"透明度"前的"关键帧触发"按钮，设置其值为 0，如图 5-159 所示。

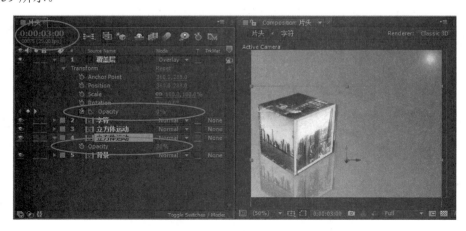

图 5-159　新建工程"片头"并排列各素材位置

○38　在 0:00:05:00 处设置透明度的关键帧值为 50%，完成片头的制作，如图 5-160 所示。用 Premiere CS6 软件完成片中的制作，具体的镜头画面衔接见源文件，要仔细揣摩以领其意。

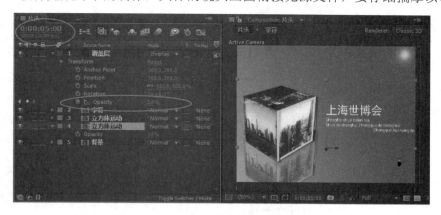

图 5-160　在 0:00:05:00 处设置透明度的值

2．片中的制作

用 Premiere CS6 软件完成片中的制作，具体的镜头画面衔接见源文件，要仔细揣摩以领其意。

 总结与回顾

　　本章通过"上海世博会宣传片"的制作，主要学习了 After Effects CS6 和 Adobe Premiere 软件的综合运用。通过本片的制作可以看出，越是复杂的影片，就越要用简单的手法来表现。纯粹的画面语言通过适当的衔接可以表达出令人震撼的视觉效果。

 课后习题

利用素材中《世界影视博览》提供的素材，制作一部《世界影视博览》栏目的栏目片头。

227

第 6 章

尾声——影视华章之永恒印记

6.1　光盘刻录及光盘封面的设计制作

知识概述

（1）掌握使用 Nero Start Smart 刻录软件刻录各种格式光盘的方法和技巧。
（2）能综合运用 Photoshop 的各类操作技能完成光盘封面的设计制作。

任务描述

　　渲染完成的影视片通常体积都比较大，占用硬盘空间比较多，也不便于保存和携带，所以通常情况下都需要将影视片刻录为光盘，特别是在需要批量发行的时候。普通的光盘都没有封面，或者只有光盘厂商的简单封面。为了让自己的产品在市场上能脱颖而出，获得消费者的青睐，就必须有一个闪亮的封面。注意封面上要体现出影视作品的标题、主题思想、精彩片段等。

创意构思

　　这里我们以设计一个儿童相册的封面为例。在光盘封面上利用孩子可爱的照片和卡通字体来体现影片的主要内容。

任务实施

　　1. 刻录光盘

　　影片合成完毕后，一般情况下都需要刻录在光盘上以便保存和携带。给客户的最终产品也不能是体积巨大的视频文件，而应该是能在 DVD 或 VCD 播放器上播放的光盘。刻录需要专门的刻录软件，这里我们以 Nero StartSmart 为例。

① 打开 Nero Burning ROM 2014，单击"新建"按钮，打开"新编辑"窗口，如图 6-1 所示；选择"DVD"选项组中的"DVD-视频"选项，然后单击"新建"按钮，如图 6-2 所示。

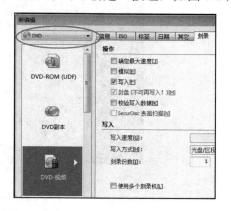

图 6-1　工作界面　　　　　　　　　　　图 6-2　选择"DVD-视频"选项

② 在打开的如图 6-3 所示的窗口中，添加需要刻录的文件，然后单击"立即刻录"按钮即可。

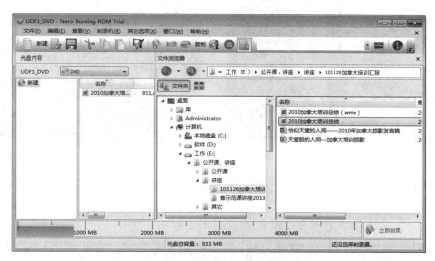

图 6-3　刻录影片

2．光盘封面的设计

好的影视作品刻录成光盘后，还需要给它穿上一件漂亮的"衣服"，这样才能更加引起观众的注意。这就决定了光盘封面设计的重要性。用于设计光盘封面的软件有很多种，应当根据自己的需要选择最得心应手的软件工具，这里我们以大家比较熟悉的 Photoshop 为例，介绍一个儿童相册封面的制作。

① 光盘实际的尺寸大多为 120mm×120mm。打开 Photoshop，新建 12cm×12cm 的空白文档；设置前景色为淡紫色（R218 G171 B242），背景色为白色，新建图层填充前景色，选择"滤镜—渲染—云彩"命令，如图 6-4 所示。

② 新建图层，绘制紫色（R134 G0 B203）细线两条，如图 6-5 所示；导入图片，拖动到封面文件上，添加"渐变"蒙版，如图 6-6 所示。

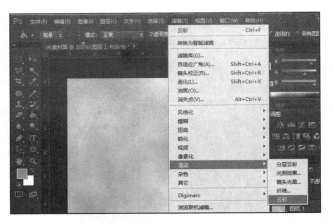

图 6-4　制作淡紫色云彩背景

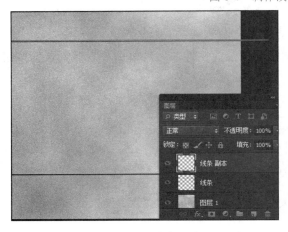

图 6-5　绘制紫色细线

图 6-6　拖入照片并添加蒙版

③ 继续拖入图片，放置成如图 6-7 所示的位置和大小，添加紫色边框；最后加上文字，设置"投影和外发光"图层样式，即完成了封面的设计，如图 6-7 和图 6-8 所示；输出成 JPG 格式的文件，用光盘贴打印出来后，贴在光盘封面上即可。

图 6-7　拖入照片添加边框

图 6-8　添加文字并设置图层样式

课后习题

把之前所创作的影视片头分别以 VCD、SVCD、DVD 格式刻录，并分别设计光盘封面。

6.2　包装袋的设计制作

知识概述

（1）掌握使用 Photoshop 自由变换工具的方法和技巧。

（2）掌握使用 Photoshop 多边形套索工具、选区工具的方法和技巧。

（3）掌握使用 Photoshop 文字工具的方法和技巧。

（4）掌握使用 Photoshop 蒙版工具、渐变工具的方法和技巧。

（5）掌握使用 Photoshop 图层样式、图层滤镜的方法和技巧。

（6）能综合运用 Photoshop 的各类操作技能完成影视片的制作。

任务描述

现在的服务型行业为了对外提升企业形象，一般都会设计成套的印刷品，大到公司户外宣传展板、企业形象画册，小到名片、产品包装袋等。这些物件在整体风格上要保持一致，要能突出企业的经营特色，强调企业的服务范围，给顾客一个深刻的印象，只有这样，才能起到宣传推广的作用。

创意构思

婚庆礼仪用品需体现出温馨、喜庆的风格，要洋溢出浓浓的爱意。这里我们选择暗红色为包装袋的底色，选择古典花纹作为暗纹，选择金色螺旋和红心搭配，强调婚礼的气氛。

任务实施

① 打开 Photoshop CS6，新建文档"包装袋"，在"预设"下拉列表中选择"国际标准纸张"选项，在"大小"下拉列表中选择"A4"选项。在文档的标题栏上右击，在弹出的快捷菜单中选择"画布大小"命令，弹出"画布大小"对话框，定位在右中，修改宽度为 26 厘米，比原先多出 5 厘米用于制作包装袋的袋脊，设置黑色背景，如图 6-9 和图 6-10 所示。

② 单击"确定"按钮后再次弹出"画布大小"对话框，定位在右中，修改宽度为 47 厘米，背景色为白色；再一次把宽度设置为 52 厘米，定位右中，背景色为黑色，这样就制作好了包装袋的文档，中间黑色部分为袋脊，如图 6-11 和图 6-12 所示。

图 6-9　新建文档"包装袋"

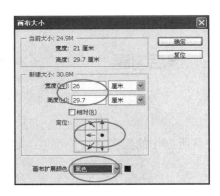

图 6-10　设置画布大小

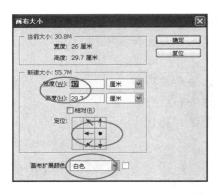

图 6-11　再次执行扩大画布命令

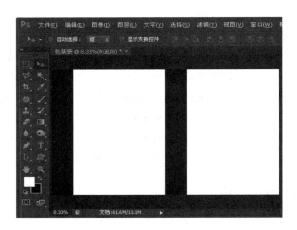

图 6-12　设置完画布大小后的效果

③ 用魔棒工具选取背景层中的白色部分，新建图层，填充暗红色（R78 G9 B12），取消选区，选择自定义形状中的"Floral Ornament 2"选项，选择路径模式，在画面中绘制路径，如图 6-13 和图 6-14 所示。

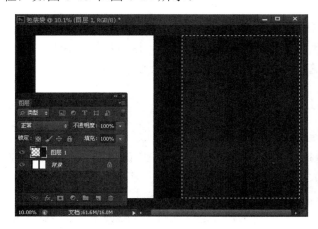

图 6-13　填充暗红色背景

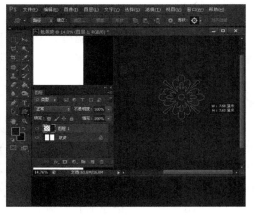

图 6-14　绘制自定义形状花纹

④ 按 Ctrl+Enter 组合键把路径变为选区，新建图层，填充白色，修改叠加模式为"柔光"，

修改不透明度为 30%，如图 6-15 和图 6-16 所示。

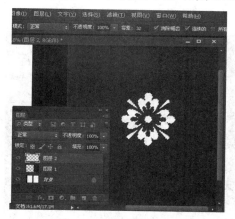
图 6-15　制作花纹形状

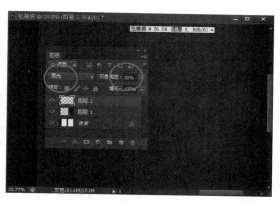
图 6-16　更改图层不透明度和叠加模式

⑤　用矩形选区工具选中花形，选择"编辑—定义图案"命令，输入图案名称为"图案 1"后单击"确定"按钮，取消选区，删除"图层 2"，选中"图层 1"的所有部分，选择"编辑—填充"命令，如图 6-17 和图 6-18 所示。

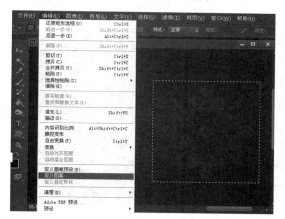
图 6-17　选择"定义图案"命令

图 6-18　选择"填充"命令

⑥　在"使用"下拉列表中选择"图案"选项，在自定义图案中选择刚刚定义的"图案 1"，可以看到，"图层 1"已经制作了花纹背景。修改"图层 1"的名称为"底纹"，如图 6-19 和图 6-20 所示。

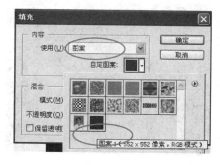
图 6-19　选择使用自定义图案填充

图 6-20　修改图层名称

⑦ 选择自定义形状中的"Heart Card"选项，新建图层"红心"，绘制红心路径，转换为选区后，填充红色（R191 G32 B36），取消选区，如图 6-21 和图 6-22 所示。

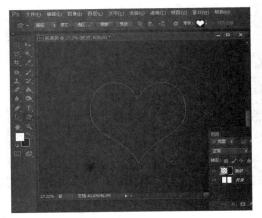

图 6-21　绘制自定义形状红心

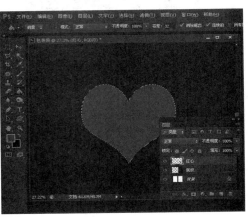

图 6-22　制作红心图案

⑧ 此红心有些平淡，为它添加"内阴影"图层样式，设置距离为 18，大小为 120；再给红心添加一些光泽。新建图层"光泽"，用椭圆选框相减制作出一个细的月牙形选区，如图 6-23 和图 6-24 所示。

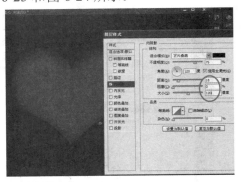

图 6-23　添加"内阴影"图层样式

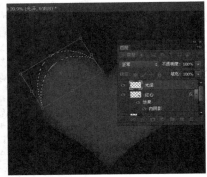

图 6-24　制作月牙形选区

⑨ 为月牙填充白色，并添加"高斯模糊"滤镜，设置模糊度为 16，再用自由变换工具把月牙贴合到红心上作为光泽，如图 6-25 和图 6-26 所示。

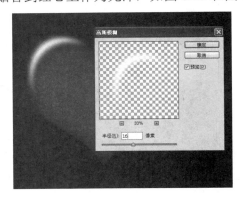

图 6-25　添加"高斯模糊"滤镜

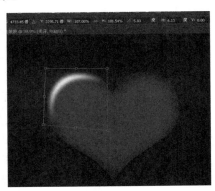

图 6-26　变形光泽贴合红心

⑩ 把光泽的不透明度调为 100%，同时选中光泽层和红心层合并，复制出图层"红心副本"，排列好大小和位置；新建图层"螺旋"，选择自定义形状中的"Spiral"选项，绘制螺旋路径，如图 6-27 和图 6-28 所示。

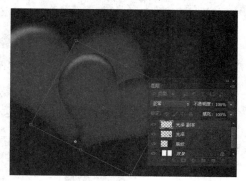

图 6-27　复制红心图层

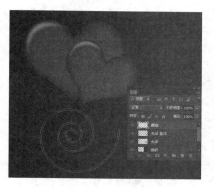

图 6-28　绘制自定义形状

⑪ 把路径转换为选区，设置前景色为淡黄色（R243 G238 B146），背景色为金黄色（R241 G170 B82），用渐变工具的对称渐变模式填充，移动螺旋层到双心层的下方，复制多个螺旋形，调整形状和大小，如图 6-29 和图 6-30 所示。

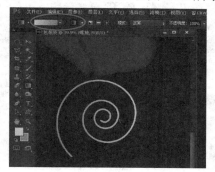

图 6-29　制作渐变螺旋图案

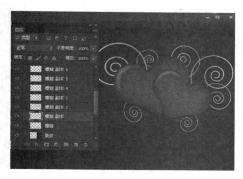

图 6-30　复制多个螺旋图案并排列

⑫ 用文字工具输入文字"百年恩爱双心结"，字体为 DFZongYi，字体大小为 36，字距为 100；新建图层"花边"，选择自定义形状中的"Ornament 5"选项绘制路径，转换为选区后填充从淡黄色到金黄色的渐变，如图 6-31 和图 6-32 所示。

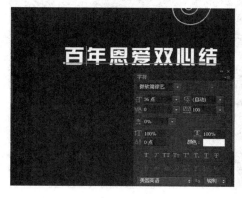

图 6-31　输入袋面文字并设置字符属性

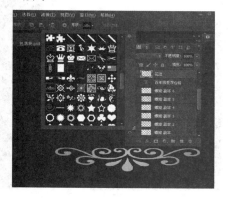

图 6-32　绘制自定义形状花纹

⑬ 在图形上方输入文字"亲密爱人婚庆礼仪公司"，字体为DFZongYi，字体大小为18，字距为100，如图6-33和图6-34所示。

图6-33　输入公司名称并设置字符属性

图6-34　袋面效果

⑭ 选中背景层，在图层面板中单击"创建新组"按钮，修改组的名称为"袋面"，把所有袋面的图层都拖动到组"袋面"内，如图6-35和图6-36所示。

图6-35　新建图层组"袋面"

图6-36　拖动除背景层外的所有层到组"袋面"内

⑮ 直接把图层组"袋面"复制一份，把图层组"袋面副本"移动到左边的白色区域，作为包装袋的另一面，如图6-37和图6-38所示。

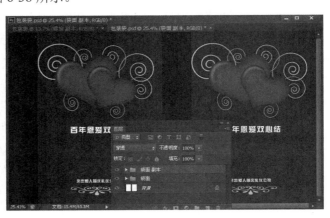

图6-37　复制图层组"袋面"

图6-38　制作包装袋另一面的效果

⑯ 选取背景层上的黑色区域，新建图层"袋籍"，填充暗红色（R97 G16 B21），输入文字"亲密爱人　天长地久"，字体为 DFZongYi，字体大小为 10，字距为 100，如图 6-39 和图 6-40 所示。

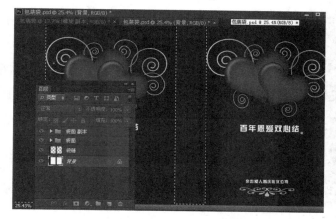

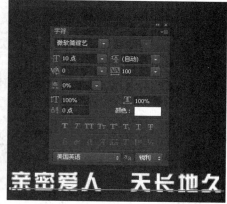

图 6-39　为"袋籍"填充暗红色　　　　　　　　图 6-40　输入修饰文字并设置字符属性

⑰ 为文字中间添加自定义形状中的"Floral Ornament 2"选项，转换为选区后填充白色，放置在文字中间，再把文字和花形均复制一份，移动到包装袋的另一面脊处，完成制作，如图 6-41 和图 6-42 所示。

图 6-41　绘制自定义形状花纹　　　　　　　　图 6-42　包装袋最终效果

课后习题

为制作完成的儿童电子相册设计一个配套的光盘包装袋。

反侵权盗版声明

电子工业出版社依法对本作品享有专有出版权。任何未经权利人书面许可，复制、销售或通过信息网络传播本作品的行为；歪曲、篡改、剽窃本作品的行为，均违反《中华人民共和国著作权法》，其行为人应承担相应的民事责任和行政责任，构成犯罪的，将被依法追究刑事责任。

为了维护市场秩序，保护权利人的合法权益，我社将依法查处和打击侵权盗版的单位和个人。欢迎社会各界人士积极举报侵权盗版行为，本社将奖励举报有功人员，并保证举报人的信息不被泄露。

举报电话：（010）88254396；（010）88258888

传　　真：（010）88254397

E-mail：　dbqq@phei.com.cn

通信地址：北京市万寿路 173 信箱

　　　　　电子工业出版社总编办公室

邮　　编：100036